中国热带农业科学院　中国热带作物学会　组织编写
"一带一路"热带国家农业共享品种与技术系列丛书
总主编：刘国道

"一带一路"热带国家
牧草共享品种与技术

刘国道　王文强 ◎ 主编

中国农业科学技术出版社

图书在版编目（CIP）数据

"一带一路"热带国家牧草共享品种与技术 / 刘国道，王文强主编 . —北京：中国农业科学技术出版社，2020.8
（"一带一路"热带国家农业共享品种与技术系列丛书 / 刘国道主编）
ISBN 978-7-5116-4967-6

Ⅰ . ①一… Ⅱ . ①刘… ②王… Ⅲ . ①牧草－栽培技术 Ⅳ . ① S54

中国版本图书馆 CIP 数据核字（2020）第 161765 号

责任编辑　徐定娜　李　雪
责任校对　贾海霞

出 版 者　中国农业科学技术出版社
　　　　　北京市中关村南大街 12 号　邮编：100081
电　　话　（010）82109707（编辑室）　（010）82109702（发行部）
　　　　　（010）82109709（读者服务部）
传　　真　（010）82109707
网　　址　http://www.castp.cn
发　　行　各地新华书店
印 刷 者　北京科信印刷有限公司
开　　本　787 mm×1 092 mm　1 /16
印　　张　9
字　　数　203 千字
版　　次　2020 年 8 月第 1 版　2020 年 8 月第 1 次印刷
定　　价　68.00 元

《"一带一路"热带国家农业共享品种与技术系列丛书》

总 主 编：刘国道

《"一带一路"热带国家牧草共享品种与技术》
编写人员

主 　 编：刘国道　　王文强

副 主 编：唐 　 军　　杨虎彪

参编人员：陈志坚　　丁西朋　　董荣书　　郇恒福

　　　　　黄 　 睿　　黄春琼　　黄冬芬　　李欣勇

　　　　　林照伟　　刘国道　　刘攀道　　刘一明

　　　　　罗小燕　　唐 　 军　　王文强　　严琳玲

　　　　　杨虎彪　　虞道耿　　张 　 瑜

目　录

第一章　牧草优良品种

一、优良禾本科牧草品种…………………………………………………… 3
二、优良豆科牧草品种………………………………………………………70

第二章　草地改良与建植技术

一、天然草地改良与利用技术……………………………………………… 123
二、放牧草地管理利用技术………………………………………………… 125
三、人工草地建植与管理技术……………………………………………… 127

第三章　牧草收获与调制技术

一、牧草适时收获技术……………………………………………………… 133
二、牧草青贮调制技术……………………………………………………… 135

牧草优良品种

一、优良禾本科牧草品种

1. 华南象草 *Pennisetum purpureum* Schum. cv. Huanan

形态特征：多年生丛生型草本。秆直立，株高 2～3 m，茎粗 1～2.5 cm，茎基部节密。叶鞘长于节间，包茎，长 8.5～15.5 cm；叶片线形，扁平，长 30～100 cm，宽 2～4.5 cm。圆锥花序长 15～20 cm，幼时浅绿色，成熟时褐色；小穗披针形，单生或 3～4 簇生，每小穗 3 小花，下部小花雄性，上部小花两性。

生物学特性：华南象草适宜在年降水量 1 000 mm 以上、≥ 0℃积温 7 000℃以上、≥ 10℃积温 6 500℃以上的地区生长。须根发达，主要分布在 30～40 cm 的土层。分蘖力强，一般单株分蘖 25～40 个。对氮肥敏感，在较高氮肥条件下生长旺盛。耐热、耐酸，但不耐涝。中国华南地区一般在 11 月至翌年 2 月抽穗开花，结实率极低。

饲用价值：华南象草适口性好，牛、羊喜食，幼嫩时也可饲喂猪及食草性鱼类。产量高，一般产鲜草约 75 000 kg/hm²。华南象草的化学成分如表 1-1 所示。

表 1-1　华南象草的化学成分　　　　　　（单位：%）

样品情况	干物质	占干物质					钙	磷
		粗蛋白	粗脂肪	粗纤维	无氮浸出物	粗灰分		
营养期（生长 50 d）	20.715	10.358	2.015	36.340	38.250	13.045	0.235	0.341

栽培要点：华南象草用种茎繁殖。宜选择土质深厚、肥沃、排灌良好的壤土或沙壤土种植。种植前 1 个月要进行备耕，一般一犁二耙，熟地种植一犁一耙。犁地深度 20～25 cm，清除杂草，耕后耙平、耙碎，并进行地面平整。结合整地施有机肥 30 000～45 000 kg/hm²。种茎宜选用颜色青绿、节芽饱满的成熟茎秆。种苗选定后，取茎秆中下部，用利刀切断，每段应带 2 个腋芽发育良好的节。切段后的种茎平置于沟内，覆土 5～10 cm，压实即可。种植行距 30～40 cm、株距 20～30 cm。全年均可种植，但以春、夏季最好。

适宜区域：热带、亚热带地区，温带地区可作保护性栽培或一年生栽培。

华南象草群体

华南象草植株基部

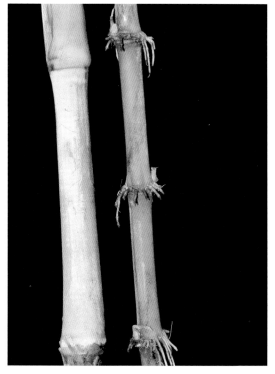

华南象草茎秆

华南象草萌发腋芽

华南象草根系

华南象草花序

2. 热研4号王草 *Pennisetum purpureum* × *Pennisetum glaucum* cv. Reyan No. 4

形态特征：多年生丛生型高秆禾草。株高 1.5 ～ 4.5 m，秆具节 15 ～ 35 个，节间长 4.5 ～ 15.5 cm；茎幼嫩时被白色蜡粉，老时被一层黑色覆盖物；基部各节有气生根发生，少数秆中部至中上部也产生气生根。叶鞘长于节间，包茎，长 12.5 ～ 20.5 cm；叶片长条形，长 55 ～ 115 cm，宽 3.2 ～ 6.1 cm，叶脉明显，呈白色。

生物学特性：热研4号王草生长临界温度为 5 ～ 10℃，温度低于 5℃停止生长，最适生长温度为 25 ～ 33℃。在热带和亚热带地区常年保持青绿。在温度越高的地方，其生长越快，产草量亦越高。在 0℃以上能越冬，但在有霜冻的地区要采取保护措施方能越冬。对土壤适应性广泛，在酸性红壤或轻度盐碱土上生长良好，尤以在土层深厚、有机质丰富的壤土至黏土上生长最盛。根系发达，抗旱和耐涝能力极强。分蘖、再生能力极强。在不刈割的条件下，每丛分蘖数约为 20 个；在刈割的条件下，随着刈割次数的增多，分蘖数也增多，通常为 30 ～ 50 个。在中国华南地区，热研4号王草栽种 7 ～ 10 d 出苗，20 ～ 30 d 开始分蘖，5—10月为生长旺季，11月以后，气温降低，雨量减少，生长缓慢。

饲用价值：热研4号王草植株高大，叶量大，柔嫩，嫩茎叶多汁且略具甜味，牛、羊喜食，是牛、羊理想的青饲料，也可饲喂兔、猪、鸡、鸭、鹅等。热带地区，热研4号王草作为牛、羊的青饲料，可以实现周年供应。水分含量较大，在饲喂的过程中，不宜切得过碎，应切成 3 ～ 6 cm 的小段，或与豆科、其他禾本科牧草混合饲喂，可以大大提高动物采食率，促进动物消化吸收。热研4号王草的化学成分如表1-2所示。

表1-2　热研4号王草的化学成分　　　　　　　　　　　　（单位：%）

样品情况	干物质	占干物质					钙	磷	镁
		粗蛋白	粗脂肪	粗纤维	无氮浸出物	粗灰分			
沙地施肥 60 d 刈割	18.68	8.00	2.94	36.97	46.50	5.59	0.27	0.13	0.29
沙地不施肥 60 d 刈割	20.65	7.52	3.65	35.56	47.51	5.77	0.23	0.16	0.19
砖红壤施肥 60 d 刈割	15.15	13.01	1.70	41.35	31.40	12.45	0.54	0.33	0.41
砖红壤不施肥 60 d 刈割	15.93	10.65	4.77	31.47	45.40	7.68	0.27	0.32	0.23

栽培要点：热研4号王草用种茎繁殖。宜选择在土质深厚、肥沃、排灌良好的壤土或沙壤土地块种植。种植前 1 个月要进行备耕，一般一犁二耙，熟地种植一犁一耙，犁地深度 20 ～ 25 cm，清除杂草，耕后耙碎、耙平。结合整地施有机肥 30 000 ～ 45 000 kg/hm²、磷肥 150 ～ 200 kg/hm² 作基肥。种茎宜选用生长 6 ～ 7 个月、颜色青绿、节芽饱满的茎

秆。种苗选定后，取茎秆中下部，用利刀切断，每段2节，切段后的种茎平放于沟内，覆土5～10 cm，压实。种植株行距为：刈草地（40～60）cm×（60～80）cm，留种地（60～80）cm×（80～100）cm。当苗高15 cm左右时，热研4号王草开始分蘖，要追第1次肥，一般施尿素120～150 kg/hm²，再过20～25d开始拔节，再追1次尿素。以后每刈割1次追施1次尿素，施用量150～225 kg/hm²。刈割2～3次或留种地刈割1次后要追施1次钾肥，用量为75～120 kg/hm²。这样有利于早生快发，达到丰产效果。

适宜区域：热带、亚热带地区，温带地区可作保护性栽培或一年生栽培。

热研4号王草植株

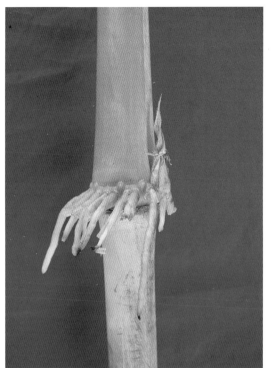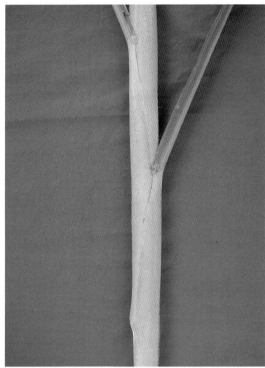

热研 4 号王草茎秆

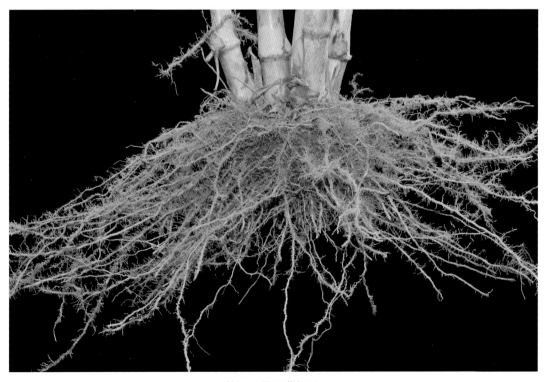

热研 4 号王草根系

3. 桂牧 1 号杂交象草 (*Pennisetum glaucum* × *P. purpureum*) × *P. purpureum* Schum. cv. Guimu No. 1

形态特征：多年生丛生型草本。秆直立，株高 3 ～ 3.5 m，每条茎秆具节 20 ～ 30 个。叶片长 100 ～ 120 cm，宽 4 ～ 6 cm，无毛。圆锥花序，长 25 ～ 30 cm；每小穗 1 ～ 3 小花。

生物学特性：桂牧 1 号杂交象草喜温暖湿润气候。最适生长温度为 25 ～ 32℃，在 35℃ 以上的高温情况下，仍生长茂盛。在轻霜地区，部分叶片枯萎，在 4℃ 以下有重霜冻的情况下，则整株腋芽易被冻坏，但茎基部分与地下茎仍然存活，来年温度达到 17℃ 左右时返青生长。对土壤的适应性广泛，在各类土壤上均可生长，但在土层深厚、富含有机质的土壤上生长旺盛。对氮肥敏感，增施氮肥生物量明显提高。较抗旱，缺水时叶片萎缩、生长变慢，水肥充足时很快恢复生长。桂牧 1 号杂交象草分蘖力强，刈割情况下，单株分蘖 100 ～ 150 个。在中国华南地区全年保持青绿，11 月中旬抽穗开花。结实率低，发芽率低。

饲用价值：桂牧 1 号杂交象草产量高，再生能力强。在中等水肥条件下年刈割 4 ～ 6 次，一般产鲜草 150 000 ～ 255 000 kg/hm²；品质好，柔软、细嫩，适口性好，营养丰富。桂牧 1 号杂交象草的化学成分如表 1-3 所示。

表 1–3 桂牧 1 号杂交象草的化学成分 （单位：%）

样品情况	干物质	占干物质					钙	磷
		粗蛋白	粗脂肪	粗纤维	无氮浸出物	粗灰分		
刈割 35 d 后再生草绝干样	100	13.09	2.55	28.74	45.56	10.06	0.61	0.42

栽培要点：桂牧 1 号杂交象草以种茎进行营养繁殖，一般坡地和平地均可种植，但以土壤疏松、肥沃、排灌良好的地块为好。种植前应深翻耕，深度 25 ～ 30 cm，耕后耙碎、整平、起畦、开沟。结合整地施有机肥 20 000 kg/hm² 左右作为基肥。选用生长 6 ～ 7 个月的健壮茎秆作为种茎，砍成具 2 节的小段，平放于植沟，覆土 5 ～ 10 cm，压实。种植行距 30 ～ 40 cm，株距 30 ～ 35 cm，覆土 5 ～ 10 cm。苗期除杂草 1 ～ 2 次，封行前追施尿素 100 ～ 125 kg/hm²。遇到持续干旱天气要及时灌水。桂牧 1 号杂交象草种植 50 d 后即可刈割利用，首次刈割高度为 5 ～ 10 cm，之后齐地刈割，年可刈割利用 6 ～ 8 次。

适宜区域：热带、亚热带地区，温带地区可作保护性栽培或一年生栽培。

桂牧 1 号杂交象草群体

桂牧 1 号杂交象草分蘗株

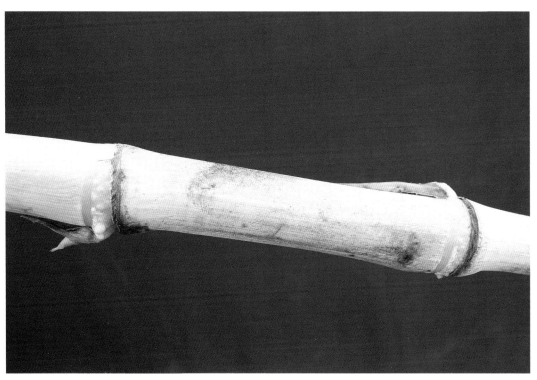

桂牧 1 号杂交象草茎秆

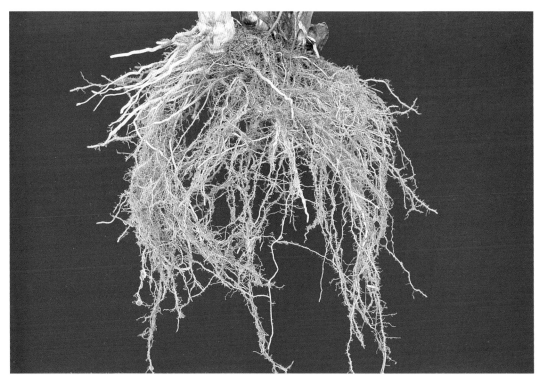

桂牧 1 号杂交象草根系

4. 桂闽引象草 *Pennisetum purpureum* Schum. cv. Guiminyin

形态特征：多年生丛生型草本。株型紧凑，秆直立，株高 2 ～ 5 m，茎粗 1 ～ 3 cm。茎幼嫩时被白色蜡粉，老时被一层黑色覆盖物。叶鞘长于节间，包茎，长 10.5 ～ 18.5 cm；叶长条形，长 50 ～ 100 cm，宽 2 ～ 4 cm，叶面与叶鞘光滑无毛。圆锥花序密生成穗状，长 20 ～ 30 cm；小穗披针形，3 ～ 4 枚簇生成束，每簇下围以刚毛组成的总苞；每小穗 2 小花，雄蕊 3，花药浅绿色，柱头外露，浅黄色。

生物学特性：桂闽引象草喜温暖湿润气候，日均温达 13℃以上时开始生长，日均温 25 ～ 35℃时生长最快；温度低于 8℃时，生长明显受到抑制，若低于 –2℃时间稍长，则会冻死。在北纬 28°以南的地区，可自然越冬。对土壤的适应性广泛，在各类土壤上均可生长。桂闽引象草根系庞大，抗旱性强，在干旱少雨的季节仍可获得较高的生物量。对氮肥敏感，在高水肥条件下生长快，草产量高。耐湿，不耐涝。中国华南地区通常 11 月中旬抽穗开花。

饲用价值：桂闽引象草适口性好，牛、羊、兔、鹅、鱼等喜食，为优质刈割型禾本科牧草。植株高大，产草量高，适于刈割青饲或调制青贮饲料。桂闽引象草的化学成分如表 1-4 所示。

表 1-4　桂闽引象草的化学成分　　　　　　　　　（单位：%）

样品情况	干物质	占干物质					钙	磷
		粗蛋白	粗脂肪	粗纤维	无氮浸出物	粗灰分		
株高 1 ～ 1.2 m	19.60	10.50	2.70	39.10	38.50	9.20	0.25	0.32

栽培要点：桂闽引象草用种茎繁殖。宜选择土质深厚、肥沃、排灌良好的微酸性壤土种植。种植前 1 个月要进行备耕，一般一犁二耙，熟地种植一犁一耙。犁地深度 20 ～ 25 cm，清除杂草，耕后耙平、耙碎，并进行地面平整。结合整地施有机肥 30 000 ～ 45 000 kg/hm^2。种茎宜选用颜色青绿、节芽饱满的成熟茎秆。种苗选定后，取茎秆中下部，用利刀切断，每段应带 2 个腋芽发育良好的节。切段后的种茎平置于沟内，覆土 5 ～ 10 cm，压实。种植行距 30 ～ 40 cm，株距 20 ～ 30 cm。全年均可种植，但以春、夏季最好。每次刈割后结合松土追施氮肥 1 次，施用量为 150 ～ 225 kg/hm^2。

适宜区域：热带、亚热带地区，温带地区可作保护性栽培或一年生栽培。

桂闽引象草群体

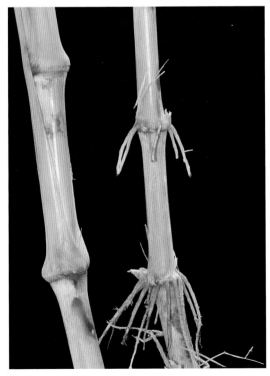

桂闽引象草茎秆

桂闽引象草秆叶

桂闽引象草根系

5. 威提特东非狼尾草 *Pennisetum clandestinum* Hochst. ex Chiov. cv. Whittet

形态特征：多年生草本。具粗壮肉质的匍匐根茎，长可达 2 m，匍匐茎各节生根，长出粗壮的新枝。茎密丛生，高 10 ～ 15 cm。叶鞘淡绿色，长 1 ～ 2 cm，密被毛；叶片长 1 ～ 15 cm，宽 1 ～ 5 mm，幼时折叠，成熟时扁平，浅绿色，被软毛。圆锥花序退化为一具 2 ～ 4 小穗的花穗；小穗 2 小花，通常 1 小花可育。颖果长约 2.5 mm，成熟时深棕色。

生物学特性：威提特东非狼尾草喜温暖湿润的热带、亚热带气候，其原产地海拔为 1 950 ～ 3 000 m，年降水量为 1 000 ～ 1 600 mm，年平均温度为 16 ～ 22℃，最低温度为 2 ～ 8℃。威提特东非狼尾草在日温 25℃、夜温 20℃条件下生长最佳。耐寒性较强，可耐轻度霜冻。-2℃时植物组织受冻死亡。威提特东非狼尾草对土壤的适应性广泛，可在瘠薄的酸性土壤上生长，以在排水良好且富含磷、钾、硫的土壤上生长最盛。

饲用价值：威提特东非狼尾草草质柔嫩，营养价值较高，各类畜禽均喜食，可供放牧利用，也可刈割青饲。此外，威提特东非狼尾草具有强大的根茎状，是一种优良的水土保持植物。威提特东非狼尾草的化学成分如表 1-5 所示。

表 1-5 威提特东非狼尾草的化学成分 （单位：%）

样品情况	干物质	占干物质					钙	磷
		粗蛋白	粗脂肪	粗纤维	无氮浸出物	粗灰分		
营养期绝干样	100	13.64	3.47	20.50	52.89	9.50	—	—

栽培要点：威提特东非狼尾草可用种子或根茎繁殖。新收获的种子有一定的休眠期，需用酸处理以打破休眠。用种子直播时，整地要精细，可撒播，也可按 1 m 左右的行距条播，单播播种量为 2 ～ 4 kg/hm²。用根茎繁殖时，可按株行距 80 cm×80 cm 或 100 cm×100 cm 穴植。

适宜区域：热带、亚热带地区。

威提特东非狼尾草株丛

威提特东非狼尾草匍匐茎

6. 热研 8 号坚尼草 *Panicum maximum* Jacq. cv. Reyan No.8

形态特征：多年生丛生型禾草。秆直立，株高 1.5 ～ 2.5 m，节上密生柔毛。叶鞘具蜡粉；叶舌膜质，长约 1.5 cm；叶线形，长约 110 cm，宽约 3 cm。圆锥花序开展，长45 ～ 55 cm；小穗灰绿色，长椭圆形，顶端尖，长约 4 mm。颖果长椭圆形。

生物学特性：热研 8 号坚尼草喜湿润的热带气候，耐干旱、耐酸瘦土壤、耐寒、耐阴，在各种种植园中间作仍可获得较高的产量。耐火烧，老草地火烧后恢复率达 96%。热研 8 号坚尼草花期晚，中国华南地区通常 9 月中下旬开花，10 月下旬种子成熟。

饲用价值：热研 8 号坚尼草叶量丰富，适口性好，用于刈割青饲或调制青贮饲料。热研 8 号坚尼草的化学成分如表 1–6 所示。

表 1–6 热研 8 号坚尼草的化学成分 （单位：%）

样品情况	干物质	占干物质					钙	磷
		粗蛋白	粗脂肪	粗纤维	无氮浸出物	粗灰分		
刈割 40 d 后再生鲜草	22.23	8.04	2.36	35.54	46.32	7.74	0.57	0.29

栽培要点：热研 8 号坚尼草可用种子繁殖，也可进行无性繁殖。种子繁殖按行距 50 cm 条播，也可撒播，播后盖 0.5 cm 的薄土，播种量为 7.5 ～ 11.25 kg/hm²。无性繁殖选用生长粗壮的植株，割去上部，留基部 15 ～ 20 cm，整株连根挖起，以每丛 2 ～ 3 条带根的茎为 1 株，按株行距 60 cm × 80 cm 或 80 cm × 100 cm 挖穴，穴深 20 ～ 25 cm。及时施用基肥，施用量为过磷酸钙肥 150 ～ 225 kg/hm²，有机肥 7 500 ～ 15 000 kg/hm²。刈割周期 40 ～ 60 d，年割 4 ～ 6 次。

适宜区域：热带、亚热带地区。

热研 8 号坚尼草株丛

热研 8 号坚尼草茎秆

热研 8 号坚尼草根系

热研 8 号坚尼草花序

热研 8 号坚尼草小穗

7. 热研 9 号坚尼草 *Panicum maximum* Jacq. cv. Reyan No.9

形态特征：多年生丛生型禾草。秆直立，株高 1.5～2.2 m，节上密生柔毛。叶鞘疏生疣毛；叶舌膜质，顶端被长纤毛；叶线形，长约 60 cm，宽约 2.5 cm，叶面具蜡粉。圆锥花序开展，长 35～40 cm，主轴粗，分枝细，斜向上升；小穗灰绿色，长椭圆形，长 3.0～3.5 mm。

生物学特性：热研 9 号坚尼草喜湿润的热带气候。耐干旱能力强，在年降水量为 750～1 800 mm 的地区生长良好；耐酸性瘦土；较耐阴，可间作于种植园中。中国华南地区通常 7 月中旬始花，8 月中旬种子成熟，种子成熟后易落粒。

饲用价值：热研 9 号坚尼草叶量丰富，适口性好，用于刈割青饲或调制青贮饲料。热研 9 号坚尼草的化学成分如表 1-7 所示。

表 1-7　热研 9 号坚尼草的化学成分　　　　　　（单位：%）

样品情况	干物质	占干物质					钙	磷
		粗蛋白	粗脂肪	粗纤维	无氮浸出物	粗灰分		
刈割 40 d 后再生鲜草	24.31	8.39	2.40	34.05	46.74	8.42	0.58	0.24

栽培要点：热研 9 号坚尼草可用种子繁殖，也可进行无性繁殖。种子繁殖按行距 50 cm 条播，也可撒播，播后盖 0.5 cm 的薄土，播种量为 7.5～11.25 kg/hm^2。无性繁殖选用生长粗壮的植株，割去上部，留基部 15～20 cm，整株连根挖起，以每丛 2～3 条带根的茎为一株，按株行距 60 cm×80 cm 或 80 cm×100 cm 挖穴，穴深 20～25 cm。及时施用基肥，施用量为过磷酸钙肥 150～225 kg/hm^2，有机肥 7 500～15 000 kg/hm^2。刈割周期 40～60 d，年割 4～6 次。

适宜区域：热带、亚热带地区。

热研 9 号坚尼草株丛

热研 9 号坚尼草茎秆

热研 9 号坚尼草根系

热研 9 号坚尼草花序

热研 9 号坚尼草小穗

8. 热研 3 号俯仰臂形草 *Brachiaria decumbens* cv. Reyan No.3

形态特征：匍匐型多年生禾草。秆坚硬，株高 0.5 ～ 1.5 m。叶片披针形至窄披针形，长 5 ～ 20 cm，宽 7 ～ 15 mm。花序由 2 ～ 4 个总状花序组成，总状花序长 1 ～ 5 cm，小穗单生，常排列成 2 列，花序轴扁平，宽 1 ～ 1.7 mm，小穗椭圆形，长 4 ～ 5 mm，常具短柔毛，基部具细长的柄。

生物学特性：热研 3 号俯仰臂形草喜温暖潮湿气候，不耐寒，最适生长温度为 30 ～ 35℃。在无霜地区冬季生长旺盛。对土壤的适应性广泛，能在各类土壤上良好生长，但高铝含量的瘠薄土壤对生长量有一定的影响。在排水良好的沃土上产量最高。抗旱，可以忍受 4 ～ 5 个月的旱季。不耐涝，在排水良好的沃土上产量最高。

饲用价值：热研 3 号俯仰臂形草产量高，适口性好，耐刈割，鲜草产量达 30 ～ 75 kg/hm²，耐践踏，适于放牧利用，根系发达，护坡固土性能优良，是水土保护的优良禾草之一。热研 3 号俯仰臂形草的化学成分如表 1-8 所示。

表 1-8　热研 3 号俯仰臂形草的化学成分　　　　　　　（单位：%）

样品情况	干物质	占干物质					钙	磷
		粗蛋白	粗脂肪	粗纤维	无氮浸出物	粗灰分		
营养期	24.70	7.57	3.21	30.94	49.95	8.33	0.56	0.13
抽穗期	26.30	6.99	2.36	36.93	46.86	6.86	0.46	0.08
成熟期	29.30	4.49	2.70	38.46	48.45	5.90	0.21	0.12

栽培要点：热研 3 号俯仰臂形草采用种子繁殖或育苗移栽。中国华南地区最佳播种季节为 5 月底—8 月初。种子播种量为 20 ～ 30 kg/hm²，播种前用 80℃热水处理 5 ～ 15 min，与细沙混匀后按 50 cm 的行距条播，播后覆土 0.5 cm。育苗移栽法是将处理过的种子播于苗床，待苗高 30 ～ 40 cm 时移栽建植，一般按 60 cm × 80 cm 规格移栽种植，移栽通常选阴雨天进行。建植当年长势较弱，一般不能放牧或只限轻牧。及时施用肥料可促进生长、增加分蘖，一般每年施用过磷酸钙 300 ～ 450 kg/hm²，钾肥 150 ～ 300 kg/hm²，根据长势适时追施一定数量的氮肥。建植初期生长缓慢，地表裸露面积大，及时防除杂草甚为关键。刈割草地一般每年刈 4 ～ 5 次。

适宜区域：热带、亚热带地区。

热研 3 号俯仰臂形草株丛

热研 3 号俯仰臂形草秆节

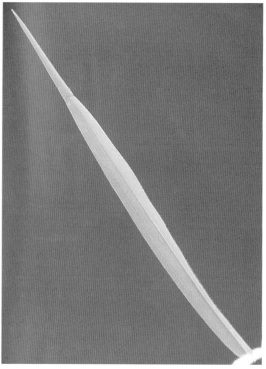

热研 3 号俯仰臂形草叶背

热研 3 号俯仰臂形草根系

热研 3 号俯仰臂形草花序（局部）

热研 3 号俯仰臂形草小穗

9. 热研 6 号珊状臂形草 *Brachiaria brizantha* Stapf. cv. Reyan No.6

形态特征：多年生丛生型禾草，具根状茎或匍匐茎。株高 0.8 ~ 1.2 m，茎扁圆形，有 13 ~ 16 个节，节间长 1 ~ 30 cm，粗 2.5 ~ 4.5 mm，基部节间较短，上部节间较长。叶片线形，长 4 ~ 28 cm，宽 1 ~ 2.1 cm，基部叶较短，上部叶较长；圆锥花序由 2 ~ 8 个总状花序组成，长 6 ~ 20 cm；小穗具短柄，含 1 ~ 2 花。颖果卵形，长 4.5 ~ 6 mm，宽 2 mm。

生物学特性：耐酸性土壤，在 pH 值 4.5 ~ 5 的强酸性土壤上良好生长。侵占性强，茎节触地各节生根，能迅速扩展。耐践踏和重牧，冬、春季保持青绿。耐火烧，草地火烧后存活率 >95%。开花期长，中国华南地区 5 月开始抽穗开花，9—10 月为盛花期，10—11 月种子成熟，结实率低，种子产量不高。

饲用价值：热研 6 号珊状臂形草适口性较好，牛羊喜食。耐刈割，耐践踏，适于放牧利用，也可用来护坡、护堤保持水土。热研 6 号珊状臂形草的化学成分如表 1-9 所示。

表 1-9　热研 6 号珊状臂形草的化学成分　　　　　　（单位：%）

样品情况	干物质	占干物质					钙	磷
		粗蛋白	粗脂肪	粗纤维	无氮浸出物	粗灰分		
营养期	24.7	7.11	2.64	21.76	60.58	7.91	0.32	0.12
抽穗期	26.8	5.53	2.04	31.39	54.56	6.48	0.26	0.12
成熟期	30.5	4.89	1.17	32.37	54.93	5.64	0.25	0.09

栽培要点：热研 6 号珊状臂形草结种少，种子发芽率低，一般用匍匐茎插条繁殖。苗长宜 30 cm 长，过长者可剪成数段，并剪去顶端较幼嫩的部分。整地要求不严，犁耙后即可定植，施有机肥 3 000 ~ 4 500 kg/hm²，过磷酸钙 150 ~ 200 kg/hm² 作基肥。株行距为 80 cm × 80 cm，每穴 3 ~ 4 苗，穴深 15 cm 左右，将苗的 2/3 埋于穴中，1/3 留在地面。种植时受季节影响不大，土壤水分充足，便可定植，以雨季为好。施氮肥增产效果显著，并能提高饲草粗蛋白质含量。

适宜区域：热带、亚热带地区。

热研 6 号珊状臂形草株丛

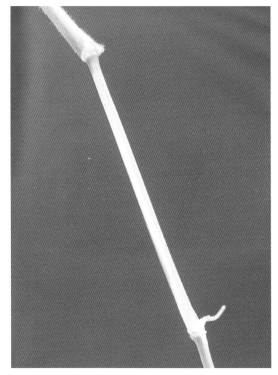

热研 6 号珊状臂形草秆节

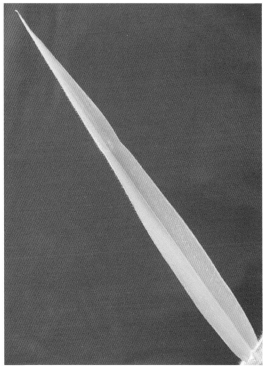

热研 6 号珊状臂形草叶背

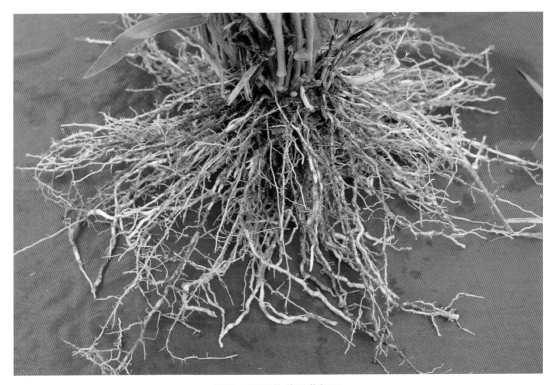

热研 6 号珊状臂形草根系

热研 6 号珊状臂形草花序（局部）

热研 6 号珊状臂形草小穗

10. 热研 14 号网脉臂形草 *Brachiaria dictyoneura* Stapf. cv. Reyan No.14

形态特征：多年生匍匐型禾草，具长匍匐茎和短根状茎。秆半直立，株高 0.5 ~ 1.2 m，匍匐茎扁圆形，细长、略带红色，具 10 ~ 18 个节，节间长 8 ~ 20 cm，基部节间较短，中上部节间较长。叶片线型，长 20 ~ 40 cm，宽 3 ~ 18 mm，常对折或遇干旱时内卷，叶舌膜质，叶鞘抱茎。圆锥花序由 3 ~ 8 个总状花序组成，花序轴长 5 ~ 25 cm，总状花序长 1 ~ 8 cm，具长纤毛；小穗具短柄，交互成两行排列于穗轴一侧，小穗椭圆形。颖果卵形，长 4.1 mm，宽 1.9 mm。

生物学特性：热研 14 号网脉臂形草喜湿热气候，稍耐旱，对土壤的适应性广泛，能在铝含量高、酸度大、肥力低的土壤上良好生长。种子具生理性休眠，新鲜种子发芽率低，经硫酸处理，其发芽率提高不大，但种子贮存 6 ~ 8 个月后可打破休眠。

饲用价值：热研 14 号网脉臂形草叶量丰富、草产量高。侵占性强，触地各节均可生根，扩展迅速，耐践踏和重牧，适于放牧利用和水土保护利用。中国华南地区年干草产量约 9 500 kg/hm^2。热研 14 号网脉臂形草的化学成分如表 1–10 所示。

表 1–10　热研 14 号网脉臂形草的化学成分　　　　　　　　（单位：%）

样品情况	干物质	占干物质					钙	磷
		粗蛋白	粗脂肪	粗纤维	无氮浸出物	粗灰分		
营养期	10.12	9.93	4.10	23.35	51.84	10.78	0.14	0.17
抽穗期	17.04	7.61	1.45	34.49	44.70	8.92	0.13	0.15
成熟期	20.90	5.40	2.92	37.32	43.37	13.82	0.22	0.43

栽培要点：选择土壤湿润、结构疏松、肥沃、灌排水良好的壤土或沙壤土。整地要求不严，一般在种植前 1 个月进行备耕，一犁二耙，深翻 15 ~ 20 cm，清除杂草、平整地面，熟地种植一犁一耙也可。可采用种子繁殖或育苗移栽建植。一般情况在雨季初期播种较好，中国华南地区最佳播种季节为 5 月底—8 月初。播种量为 20 ~ 30 kg/hm^2，播种前用 80℃ 热水或硫酸处理 5 ~ 15 min，与细沙混匀后按 50 cm 的行距条播，播后覆土 0.5 cm。育苗移栽法是将处理过的种子播于苗床，待苗高 30 ~ 40 cm 时移栽建植，一般按 60 cm × 80 cm 规格移栽种植，移栽通常选阴雨天进行。建植当年长势较弱，一般不能放牧或只限轻牧。一般年每公顷施用过磷酸钙 300 ~ 450 kg/hm^2，钾肥 150 ~ 300 kg/hm^2，可促进生长、增加分蘖。

适宜区域：热带、亚热带地区。

热研 14 号网脉臂形草群体

热研 14 号网脉臂形草茎节

热研 14 号网脉臂形草花序

热研 14 号网脉臂形草小穗

11. 热研 15 号刚果臂形草 *Brachiaria ruziziensis* G. & E.cv.Reyan No.15

形态特征：多年生丛生型匍匐禾草。秆半直立，株高 0.5～1.50 m，多毛，具短的根状茎，扩展繁殖能力强，匍匐茎扁圆形，具 5～18 个节，节间长 8～20 cm，节稍膨大并在节处带拐。叶片上举，狭披针形，长 5～28 cm，宽 8～19 mm，两面被柔毛。圆锥花序顶生，由 3～9 个穗形总状花序组成，花序轴长 4～10 cm，穗形总状花序长 3～6 cm；小穗具短柄，单生，交互成两行排列于穗轴之一侧，长椭圆形，长 3.5～5 mm，宽约 1.5 mm。颖果卵形，长 0.51 mm，宽 0.17 mm。

生物学特性：热研 15 号刚果臂形草喜湿润的热带气候，最适宜的生长温度为 20～35℃，适宜在年平均温度 19～33℃、年降水量 1 000 mm 以上的热带、亚热带地区生长。对土壤的适应性广泛，最适宜中等肥力土壤生长，耐酸瘦土壤，能在 pH 值为 4.5～5 的强酸性土壤和极端贫瘠的土壤上表现出良好的持久性和丰产性。耐干旱，可耐 5 个月以上的干旱；花期长，开花不一致，且空瘪率高，落粒性强，种子产量较低。

饲用价值：热研 15 号刚果臂形草耐刈割，但不耐践踏，适于刈割利用或调制青贮饲料。年均干草产量约 12 000 kg/hm²。热研 15 号刚果臂形草的化学成分如表 1-11 所示。

表 1-11　热研 15 号刚果臂形草的化学成分　　　　　　（单位：%）

样品情况	干物质	占干物质					钙	磷
		粗蛋白	粗脂肪	粗纤维	无氮浸出物	粗灰分		
营养期	22.51	7.75	1.80	27.98	57.17	5.30	0.21	0.15
抽穗期	25.84	7.01	1.94	29.45	55.43	6.17	0.25	0.11
成熟期	31.40	5.32	2.33	31.76	55.15	6.44	0.20	0.17

栽培要点：热研 15 号刚果臂形草采用种子繁殖时，播种量为 20～30 kg/hm²，播种前用 80℃热水处理 5 min 可使其发芽率达到 52%～72%。按行距 50 cm 条播。育苗移栽时可选用触地节部已生根的成龄苗，采用保水剂浆根处理后移栽，按（60×80）cm～（100×200）cm 规格栽植。热研 15 号刚果臂形草对氮、磷、钾肥需求量中等，在苗期以施氮肥为主，施肥量以 450～750 kg/hm² 为宜。

适宜区域：热带、亚热带地区。

热研 15 号刚果臂形草株丛

热研 15 号刚果臂形草草地

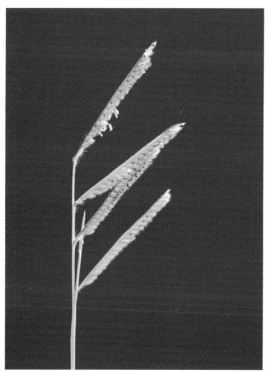

热研 15 号刚果臂形草花序

热研 15 号刚果臂形草小穗

12. 热研 11 号黑籽雀稗 *Paspalum atratum* cv. Reyan No.11

形态特征：多年生丛生草本。秆直立，高 2 ～ 2.5 m；茎节稍膨大。叶鞘半包茎，叶鞘长 13 ～ 18 cm，背部具脊，叶鞘内近叶舌处具稀长柔毛；叶舌膜质，褐色，长 1 ～ 3 mm；叶片长 50 ～ 85 cm，宽 2.4 ～ 4.2 cm。圆锥花序由 7 ～ 12 个近无柄的总状花序组成，总状花序互生于长达 25 ～ 40 cm 的主轴上，总状花序长 12.8 ～ 15.3 cm；小穗孪生，交互排列于穗轴远轴面；第一颖退化；第二颖和第一小花的外稃等长，膜质，具 3 脉；第二小花与小穗等长，平凸状，软骨质，成熟后变褐色，表面细点状粗糙。种子卵圆形，褐色，具光泽，长 1.5 ～ 2.2 mm，宽约 1 mm。

生物学特性：热研 11 号黑籽雀稗适宜在年降水量 1 500 ～ 2 000 mm 的热带、亚热带地区生长。最适生长温度为 22 ～ 27℃，最适年平均温度为 23℃。对土壤的适应性广泛，从沙质土壤到黏重土壤均能生长，耐酸瘦土壤，对氮肥敏感。耐水渍、耐涝，常生长于地下水位较高的低湿地，但不耐长时间水淹。具一定的抗旱性。耐阴、耐刈割、耐牧。中国华南地区一般 8 月开始开花，9 月底—10 月初种子成熟。

饲用价值：热研 11 号黑籽雀稗再生能力强，分蘖多，叶量大，耐刈割，适口性好，产量高，年产鲜草约 100 000 kg/hm^2，为优质牧草。热研 11 号黑籽雀稗的化学成分如表 1–12 所示。

表 1–12 热研 11 号黑籽雀稗的化学成分 （单位：%）

样品情况	干物质	占干物质					钙	磷
		粗蛋白	粗脂肪	粗纤维	无氮浸出物	粗灰分		
刈割再生 45d 鲜草	21.5	9.83	1.00	24.88	50.75	13.54	1.434	0.563

栽培要点：选择在土层深厚、结构疏松、肥沃、排灌良好的壤土或沙壤土上种植。种植前一个月备耕，一般一犁二耙，深翻 15 ～ 20 cm，清除杂草、平整地面，熟地种植一犁一耙。可直播或育苗移栽。直播时，将种子与细沙（或细肥土）按 1 : 2 混合后以 50 cm 行距进行条播，播后覆土 0.5 cm，播种量为 7.5 ～ 11.25 kg/hm^2；育苗移栽时，将种子播于苗床，播后 30 ～ 45 d，苗高 30 ～ 40 cm 时移栽，株行距为肥地 80 cm×80 cm、瘦地 60 cm×80 cm。此外，也可进行分蘖繁殖，选用大田健壮植株，割去上部，留茬 15 ～ 20 cm，整丛挖起后分株，以 2 ～ 3 株为一小丛穴植，株行距 60 cm×80 cm 或 80 cm×100 cm，穴深 20 ～ 25 cm。施磷肥 150 ～ 225 kg/hm^2、有机肥 7 500 ～ 15 000 kg/hm^2 作基肥。刈割周期 40 ～ 60 d，刈割高度 10 ～ 15 cm。

适宜区域：热带、亚热带地区。

热研 11 号黑籽雀稗株丛

热研 11 号黑籽雀稗茎节

热研 11 号黑籽雀稗根系

热研 11 号黑籽雀稗花序

热研 11 号黑籽雀稗小穗

13．桂引 1 号宽叶雀稗 *Paspalum wettsteinil* Hackel cv.Guiyin No.1

形态特征：多年生丛生草本。具匍匐茎，株高 1.0 ～ 1.5 m，秆无毛，节 2 ～ 5 个，具短柔毛。叶鞘包茎，叶舌长 2 mm，呈小齿状，为一圈长柔毛；叶片线状披针形，长 20 ～ 43 cm，宽 1.5 ～ 3 cm。圆锥花序直立，开展，具穗状花序 4 ～ 9 个，互生，下部的长达 8 ～ 10 cm，上部的长 3 ～ 5 cm；小穗呈 4 行排列于穗轴一侧，中行小穗排列不规则，小穗长 2.3 ～ 2.5 mm，长椭圆形，先端钝，一面平坦或稍凹，另一面显著凸起，浅褐色；第一颖缺，第二颖与小穗等长，长椭圆形，具 3 脉；内稃与外稃相似。成熟的谷粒褐色，长卵圆形，长约 2 mm。

生物学特性：桂引 1 号宽叶雀稗对土壤的适应性广泛，在贫瘠的红壤、黄壤土上可正常生长，但在肥沃、排水良好的土壤上生长旺盛。耐寒力中等，在我国南亚热带地区四季常绿，遇 −2℃低温时，上部叶片受冻变黄，温度回升后即恢复生长。分蘖力强，再生力强，耐牧。耐火烧，火烧后恢复快。

饲用价值：桂引 1 号宽叶雀稗适口性好，植株返青早，适于放牧利用或刈割青饲。桂引 1 号宽叶雀稗的化学成分如表 1–13 所示。

表 1–13　桂引 1 号宽叶雀稗的化学成分　　　　　　（单位：%）

样品情况	干物质	占干物质					钙	磷
		粗蛋白	粗脂肪	粗纤维	无氮浸出物	粗灰分		
分蘖期绝干样	100	10.29	3.60	35.39	40.93	9.78	—	—
抽穗期绝干样	100	8.31	2.79	34.24	42.50	12.15	—	—
开花期绝干样	100	7.93	2.82	39.06	40.97	8.22	—	—

栽培要点：桂引 1 号宽叶雀稗可用种子繁殖或分蘖繁殖。种子繁殖宜于春季 3—4 月播种。播种前整地，要求表土要细碎平整。播种量为 7.5 ～ 15 kg/hm²。播种后覆土 1 cm。前期生长较慢，追施尿素 45 ～ 60 kg/hm²，以迅速覆盖地面，播种当年即可利用。

适宜区域：热带、亚热带地区。

桂引 1 号宽叶雀稗群体

桂引 1 号宽叶雀稗植株

桂引 1 号宽叶雀稗根系

桂引 1 号宽叶雀稗花序

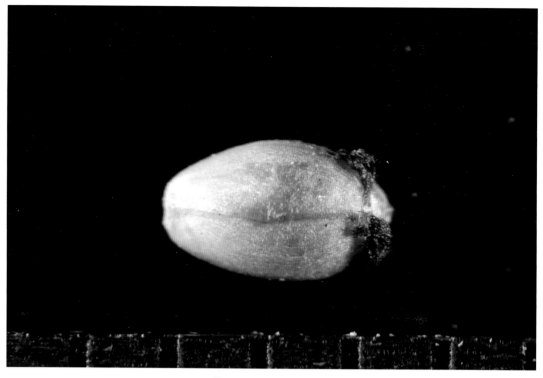

桂引 1 号宽叶雀稗小穗

14. 桂引 2 号小花丝毛雀稗 *Paspalum urvillei* Steud. cv. Guiyin No.2

形态特征：多年生草本，茎秆粗壮、丛生。株高 0.5 ～ 2.0 m，具 3 ～ 4 节，节上疏披柔毛。叶鞘长于节，基部叶鞘紫红色，密生刚毛，老时色泽加深，刚毛变硬；叶舌楔形，膜质，长约 5 mm，两侧具长柔毛；叶片光滑无毛，质地柔软，边缘呈锯齿状粗糙，长 30 ～ 70 cm，宽达 2 cm。总状花序顶生，开展，长约 20 cm；穗状花序 10 ～ 18 枚，下部的长 5 ～ 8 cm，上部的长 2 ～ 4 cm；小穗成对，卵形，长约 3 mm，宽约 2 mm，呈 4 行生于穗轴一侧。种子浅黄色，卵圆形，夏、秋季成熟。

生物学特性：桂引 2 号小花丝毛雀稗喜温暖湿润气候。春季返青早，与杂草竞争力强。适应性强，对土壤的适应性广。在中国华南地区花期较早，6 月始花，花期持续到 10 月。

饲用价值：桂引 2 号小花丝毛雀稗草质柔嫩，适口性好，牛、羊、兔、鱼均喜食，为优等牧草，年鲜草产量约 31 000 kg/hm^2。桂引 2 号小花丝毛雀稗的化学成分如表 1-14 所示。

表 1-14　桂引 2 号小花丝毛雀稗的化学成分　　　　　　　　（单位：%）

样品情况	干物质	占干物质					钙	磷
		粗蛋白	粗脂肪	粗纤维	无氮浸出物	粗灰分		
开花期绝干样	100	7.09	1.89	37.79	45.80	7.43	—	—

栽培要点：桂引 2 号小花丝毛雀稗可用种子繁殖或分株无性繁殖。种子繁殖，可在 5—11 月采收成熟种子，于次年 3—4 月播种，也可秋播。播前进行地表处理，可全翻耕或重耙。单播草地播种量可为 11 ～ 20 kg/hm^2，与豆科牧草混播时，禾本科与豆科的比例为 1∶1.5。如条播，以行距 30 ～ 40 cm 为好。分株移植应在雨季进行，行距约 30 cm，株距约 20 cm。桂引 2 号小花丝毛雀稗苗期生长缓慢，应注意除杂草及水肥管理，苗期追施尿素 60 kg/hm^2。建植成功后，每刈割 1 次应追施尿素 60 ～ 75 kg/hm^2。

适宜区域：热带、亚热带地区。

桂引 2 号小花丝毛雀稗植株 　　　　　　　桂引 2 号小花丝毛雀稗根系

桂引 2 号小花丝毛雀稗花序

桂引 2 号小花丝毛雀稗花序局部及小穗

15. 福建圆果雀稗 *Paspalum orbiculare* G. Forst. cv. Fujian

形态特征：多年生禾草。茎直立，高 0.6～1.2 m。叶鞘长于节间；叶舌膜质，棕色，先端圆钝；叶片条形，长 10～15 cm，宽 2～8 mm；总状花序常 3～4 枚，长 3～6 cm，相互间距 1.5～3 cm，排列于主轴上，小穗单生近于圆形，褐色，长 2～2.5 mm，覆瓦状排列成两行；第一颖缺，第二颖与第一外稃均具 3 脉，第二外稃边缘抱内稃。

生物学特性：福建圆果雀稗对土壤的适应性广泛，在红壤、黄壤上均能良好生长。在水肥条件良好时，分蘖多，产量高。根系强大，分蘖能力强，再生能力强。对高温、干旱等具有较强的抵抗力，冬季 –8～–6℃可安全越冬，生育期 110～130 d，生长期 320 d 以上。在中国华南地区 5 月便进入开花期，一直持续到 11 月，不间断抽穗。

饲用价值：福建圆果雀稗营养期茎叶幼嫩，适口性好，食草家畜均喜食。生长后期茎叶老化，适口性降低。福建圆果雀稗的化学成分如表 1-15 所示。

表 1-15　福建圆果雀稗的化学成分　　　　　　（单位：%）

样品情况	干物质	占干物质					钙	磷
		粗蛋白	粗脂肪	粗纤维	无氮浸出物	粗灰分		
刈割后生长 3 周鲜草	21.8	9.59	1.03	32.03	49.36	7.99	0.43	0.51
刈割后生长 6 周鲜草	22.2	9.34	1.88	32.31	47.87	8.60	0.40	0.60
刈割后生长 9 周鲜草	22.5	8.59	1.15	32.77	49.50	7.99	0.41	0.47
刈割后生长 12 周鲜草	23.1	7.27	2.11	32.87	50.01	7.72	0.40	0.48

栽培要点：种子繁殖，播前翻耕土地，整细耙平。可条播或撒播，条播行距 30 cm，覆土深度 0.5～1 cm。播种量为 15～45 kg/hm^2，出苗后，追施尿素、过磷酸钙，促早生快发。苗高 25～40 cm 时，即可放牧利用。每年可刈割 4～5 次，鲜草产量为 15 000～28 500 kg/hm^2。每次利用后，需追肥 1 次，以保证持续高产。

适宜区域：热带、亚热带地区。

福建圆果雀稗群体

福建圆果雀稗基部茎叶及根系

福建圆果雀稗花序

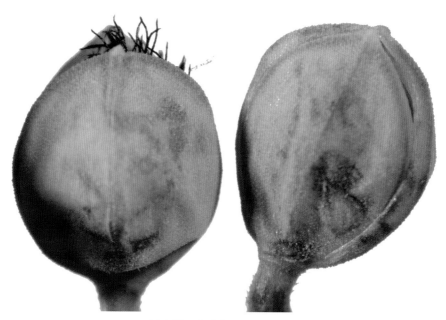

福建圆果雀稗小穗

16. 赣引百喜草 *Paspalum notatum* Flüggé cv. Ganyin

形态特征：多年生草本。具粗壮的、多节的匍匐茎，长 30 ～ 50 cm，节间短簇密生，分蘖多。叶鞘长于其节间，背部压扁成脊；叶舌膜质，极短；叶片色深绿，长 20 ～ 35 cm，叶宽 3 ～ 3.5 mm。总状花序，指形排列，二分枝，向上外弯，穗轴细长，12 ～ 14 cm，小穗卵形两侧互生于分枝的单侧。颖果外被蜡质的颖片紧密包裹。

生物学特性：赣引百喜草适应性强，适于热带和亚热带、年降水量 750 mm 以上的地区生长。对土壤要求不严，在肥力较低、较干燥的沙质土壤上比其他禾本科牧草生长能力强。耐热、耐瘠、耐践踏，气温在 28 ～ 33℃时生长良好，低于 10℃生长停止，叶色黄绿，初霜后，叶色枯黄休眠。

饲用价值：赣引百喜草叶量大，耐践踏，适宜放牧利用，也宜刈割青饲或调制干草。此外，匍匐茎可形成坚固致密的草皮，是优良的护坡、水土保持和地被植物。赣引百喜草的化学成分如表 1-16 所示。

表 1-16　赣引百喜草的化学成分　　　　　　　　（单位：%）

样品情况	干物质	占干物质					钙	磷
		粗蛋白	粗脂肪	粗纤维	无氮浸出物	粗灰分		
营养期鲜草	22.73	11.55	4.67	34.34	40.51	8.93	1.22	0.21

栽培要点：种子繁殖，中国长江以南地区适宜春季播种。播种前应翻耕做畦，结合整地施腐熟的有机肥 3 500 ～ 4 500 kg/hm²、复合肥 450 kg/hm²。播种前种子用 60℃左右的温水浸种，条播，行距 40 ～ 50 cm，播种深度 1 ～ 2 cm，播种量为 9 ～ 15 kg/hm²。

适宜区域：热带、亚热带地区。

赣引百喜草群体

赣引百喜草基部茎秆

赣引百喜草花序

赣引百喜草小穗

17. 卡松古鲁非洲狗尾草 *Setaria anceps* Stapf ex Massey cv.Kazungula

形态特征：多年生丛生型草本。秆直立，高 0.5 ～ 1.8 m，幼时茎基紫红色。叶鞘龙骨状，下部闭合，明显长于节间，鞘口及边缘疏生红色长柔毛；叶舌退化为一圈长 2 ～ 2.5 mm 的白色柔毛；叶片线形，长 30 ～ 50 cm，宽 1 ～ 1.4 cm，蓝绿色。圆锥花序紧缩成圆柱状，长 6 ～ 20 cm，径 5 ～ 7 mm；小穗排列紧密，花紫红色。颖果椭圆形，长 2 ～ 2.5 mm，宽约 1 mm，成熟时刚毛黄棕色。

生物学特性：卡松古鲁非洲狗尾草适宜在热带和亚热带海拔 1 500 m 左右、年降水量 750 mm 以上的地区生长。最适生长温度为 20 ～ 25℃。对土壤要求不严，在 pH 值 4.5 的丘陵红壤地区也可生长。耐寒性较强，在无霜地区可保持茎叶青绿越冬；遇霜时，植株上部茎叶会受霜害。分蘖能力强，再生力好。全穗开花一般历时 7 d 左右。由于株群分蘖多，且持续分蘖，故抽穗不完全一致，开花结束至种子完全成熟持续 2 个月以上。

饲用价值：卡松古鲁非洲狗尾草抽穗前茎叶柔嫩，适口性好，随着生长时间的延长，其营养价值逐渐下降。适宜放牧、刈割青饲、青贮或晒制干草。再生力强，覆盖快，也可作为水土保持植物。卡松古鲁非洲狗尾草的化学成分如表 1–17 所示。

表 1–17　卡松古鲁非洲狗尾草的化学成分　　　　　　（单位：%）

样品情况	干物质	占干物质					钙	磷
		粗蛋白	粗脂肪	粗纤维	无氮浸出物	粗灰分		
刈割后再生 3 周鲜草	11.7	12.04	3.97	34.55	39.40	10.04	0.26	0.54
刈割后再生 6 周鲜草	14.3	9.78	3.77	38.00	38.67	9.78	0.20	0.41
刈割后再生 9 周鲜草	18.6	7.10	3.66	43.00	39.14	7.10	0.14	0.35
刈割后再生 12 周鲜草	19.1	3.70	3.58	44.29	41.30	7.13	0.12	0.12

栽培要点：种子繁殖。播种前精细整地，保证一犁一耙，并尽可能杀灭杂草。结合整地，施 255 ～ 375 kg/hm² 磷肥作为基肥。撒播，播种后轻压。单播播种量约 3.75 kg/hm²，混播播种量约 2.25 kg/hm²。待苗高 10 ～ 15 cm 时，追施氮肥 75 kg/hm²。若是混播草地，以施用磷肥为主，少施或不施氮肥，以免禾草对豆科牧草过分竞争。卡松古鲁非洲狗尾草花期长，种子成熟不一致，可采用人工多次采收。若用机械收种，应在全部株穗枯萎、刚毛呈棕黄色、籽粒转淡黄色或先熟的种子开始脱落时，一次性采收。

适宜区域：热带、亚热带地区。

卡松古鲁非洲狗尾草群体

卡松古鲁非洲狗尾草花序

18. 卡选 14 号非洲狗尾草 *Setaria anceps* Stapf ex Massey cv. Kaxuan 14

形态特征：多年生草本。秆直立，高 1 ～ 2 m；节具气生根，微带白粉，幼时基部茎紫红色，抽穗后呈淡红色。叶鞘下部闭合，明显长于节间，微带白粉，鞘口有白色柔毛；叶片长 20 ～ 40 cm，宽 1.1 ～ 1.5 cm，叶缘淡紫红色。圆锥花序圆柱形，长 10 ～ 20 cm，径 4 ～ 5 mm，小穗排列不紧密，花淡紫色。种子卵圆形，长 2 ～ 2.5 mm，宽约 1 mm，成熟后刚毛呈棕黄色。

生物学特性：卡选 14 号非洲狗尾草适宜在温暖、潮湿、阳光充足、海拔 60 ～ 1 800 m 的地区生长。对土壤的适应性广泛，在低海拔（800 m 以下）地区的肥沃壤土上生长良好，也能在贫瘠的红壤或黄壤上生长。对光照周期要求不严，一般 12 ～ 16 h 光周期可促进生长。最适生长温度为 25℃。耐寒，田间最低温度为 -4℃时，仍有 50% 的植株保持青绿；耐热，夏季气温高达 35 ～ 40℃时，仍不会枯黄。抽穗不一致，早晚相差约 20 d。

饲用价值：卡选 14 号非洲狗尾草叶量大，鲜叶重约占全株的 53%，草质柔嫩，牛、羊、兔、鹅喜食，也可饲喂草食性鱼类，是优质牧草，可刈割青饲或放牧利用，也可晒制干草或调制青贮料。在较肥沃的地块种植，每年可刈割 4 次，鲜草产量约 120 000 kg/hm²。卡选 14 号非洲狗尾草的化学成分如表 1-18 所示。

表 1-18 卡选 14 号非洲狗尾草的化学成分 （单位：%）

样品情况	干物质	占干物质					钙	磷
		粗蛋白	粗脂肪	粗纤维	无氮浸出物	粗灰分		
刈割后再生 3 周鲜草	21.9	12.41	1.74	30.98	49.46	5.41	0.30	0.36
刈割后再生 6 周鲜草	26.7	8.04	1.99	37.23	46.50	6.24	0.46	0.16
刈割后再生 9 周鲜草	27.9	5.55	1.69	41.42	45.29	6.05	0.31	0.19
刈割后再生 12 周鲜草	29.4	5.47	2.47	43.12	43.62	5.32	0.28	0.21

栽培要点：常用种子繁殖，小面积栽培也可用分蘖繁殖。以刈割利用为目的时，宜选用平坦肥沃的土地种植。多采用育苗移栽法，待苗高 15 ～ 20 cm 时挖穴定植，每穴 3 ～ 5 株，株行距 30 cm×30 cm 或 40 cm×40 cm，宜在阴雨天移植。返青后追施氮肥，每次刈割后需施足氮肥。收种地应增施磷肥，一般 3 ～ 4 年后需更新，以提高种子产量。若与豆科牧草混播建植草地，常用种子直播，播种量为 3 ～ 4 kg/hm²。

适宜区域：热带、亚热带地区。

卡选 14 号非洲狗尾草株丛

卡选 14 号非洲狗尾草根系

卡选 14 号非洲狗尾草花序及小穗

19. 纳罗克非洲狗尾草 *Setaria anceps* Stapf ex Massey cv. Narok

形态特征：多年生丛生型禾草，秆直立，光滑，高 1.5 ～ 2.0 m，径 4 ～ 8 mm，基部茎略带紫色，各节被白粉。叶鞘下部闭合，明显长于节间，鞘口及边缘被白色柔毛；叶舌退化为长约 2 mm 的白色柔毛；叶长条形，长 15 ～ 40 cm，宽 7 ～ 12 mm。圆锥花序圆柱形，长 15 ～ 20 cm，径约 5 mm，主轴被深黄色刚毛；花淡紫色；小穗卵形，长 15 ～ 20 mm，宽约 10 mm。

生物学特性：纳罗克非洲狗尾草喜温暖气候，宜栽培于高温多雨的热带及亚热带地区。适宜生长温度为 20 ～ 30℃。对土壤的适应性广泛，能在各类土壤上生长，耐酸性强，在 pH 值 4.5 的红壤上可以正常生长，但在不同的土壤上产量差异很大，在疏松而肥沃的土壤上产量最高。冬季气温达 -8℃，根部仍可安全越冬，夏季高温季节也能保持青绿。耐短时渍涝，耐火烧，耐重牧。

饲用价值：纳罗克非洲狗尾草抽穗前茎叶柔嫩，适口性极佳，牛、羊极喜食，幼嫩时，也可喂鸡、鸭、鹅、鱼、兔等，适宜放牧利用，或刈割青饲、晒制干草、调制青贮饲料。纳罗克非洲狗尾草的化学成分如表 1-19 所示。

表 1-19　纳罗克非洲狗尾草的化学成分　　　　　　（单位：%）

样品情况	干物质	占干物质					钙	磷
		粗蛋白	粗脂肪	粗纤维	无氮浸出物	粗灰分		
刈割后再生 3 周鲜草	12.8	11.60	3.55	30.36	43.68	10.81	0.37	0.25
刈割后再生 6 周鲜草	14.1	9.02	2.88	37.06	42.14	8.90	0.32	0.22
刈割后再生 9 周鲜草	19.1	5.22	1.66	41.15	45.63	6.34	0.24	0.33
刈割后再生 12 周鲜草	20.0	4.82	1.47	43.16	44.77	5.78	0.26	0.33

栽培要点：宜雨季来临前播种，切忌在高温干旱期间播种。精细整地，结合整地施农家肥 15 000 kg/hm², 磷肥 225 kg/hm² 作基肥。条播或撒播均可，条播行距为 30 cm，播深 1 ～ 2 cm，播种量为 4.5 kg/hm², 播后轻压，使种子贴土，便于吸水萌发。苗期注意中耕除草。刈割留茬高度为 10 ～ 15 cm，常在雨季盛长时青刈或青贮，旱季放牧以每 4 ～ 8 周轮牧一次为宜。

适宜区域：热带、亚热带地区。

纳罗克非洲狗尾草旱地

纳罗克非洲狗尾草基部茎叶

纳罗克非洲狗尾草花序

20. 南迪非洲狗尾草 *Setaria anceps* Stapf ex Massey cv. Nandi

形态特征：多年生禾草。秆直立，光滑，高 1.5～2.5 m，径 6～8 mm，基部节上有气根，并抽生分枝，节膨大。叶鞘下部闭合，长于节间，鞘口及边缘有柔毛；叶舌退化为长 1～2 mm 的柔毛；叶片较薄，条状披针形，长 20～35 cm，宽 8～15 mm。圆锥花序呈狭长圆柱状，长 15～25 cm；小穗单生，下托以刚毛，脱节于小穗柄上，且与宿存的刚毛分离；第一颖宽卵形，长为小穗的 1/3；第二颖长为小穗的 1/2；第一外稃与小穗等长。颖果矩圆形，长 1.0～2.0 mm。

生物学特性：南迪非洲狗尾草喜温热湿润气候，在炎热多雨的夏季生长尤为旺盛，适宜在纬度 30° 以内，海拔 60～1 800 m 的热带、亚热带地区栽培。对土壤的适应性广泛，从沙质土壤到黏土，从低湿地到较干旱的坡地均可栽培，也适于在酸性、碱性等不同类型的土壤上生长。对氮肥反应良好，施用氮肥，可达到增加产量和提高蛋白质含量的效果。根系发达，须根纤细，量大。分蘖能力强，分蘖数达 30～50 个。具一定的耐寒能力，在 −2℃ 低温仍能越冬。

饲用价值：南迪非洲狗尾草草质柔嫩，叶量大，茎叶比约为 1∶2，适口性好，各种家畜，尤其是大家畜最为喜食，适宜放牧或刈割青饲。南迪非洲狗尾草植株失水较快，因此易调制干草，且调制的干草绿色度较高，品质佳。南迪非洲狗尾草的化学成分如表 1-20 所示。

表 1-20　南迪非洲狗尾草的化学成分　　　　　　　（单位：%）

样品情况	干物质	占干物质					钙	磷
		粗蛋白	粗脂肪	粗纤维	无氮浸出物	粗灰分		
刈割后再生 3 周鲜草	12.90	10.40	1.52	31.2	46.14	10.74	0.33	0.53
刈割后再生 6 周鲜草	16.00	6.25	0.78	37.89	47.21	7.87	0.19	0.44
刈割后再生 9 周鲜草	16.80	5.47	1.66	41.82	45.24	5.81	0.26	0.42
刈割后再生 12 周鲜草	18.50	4.81	1.20	43.35	44.54	6.10	0.25	0.38

栽培要点：南迪非洲狗尾草适于春播。播前要求精细整地，并施有机肥料作基肥。条播行距 30 cm，播种深度 1～2 cm，播种量约 7.5 kg/hm²。苗期注意中耕除草。种子成熟期不一致，易脱落，应及时采收。

适宜区域：热带、亚热带地区。

南迪非洲狗尾草群体

21. 盈江危地马拉草 *Tripsacum laxum* Nash cv. Yingjiang

形态特征：多年生高大草本。须根发达，大部分根系集中在 30 cm 的土层中，下部秆节上常有支撑根。秆直立丛生、粗壮、光滑，高 3～4 m，节压扁，横断面呈椭圆形，节间短，长 5～10 cm。叶鞘压扁具脊，长于节间；叶舌膜质，长约 1 mm；叶片宽大，长披针形，长 1～1.5 m，宽 5～10 cm。圆锥花序顶生或腋生，由数枚细弱的总状花序组成，总状花序圆柱形，下弯或呈弓形；小穗单性，雌雄同序，雌花序位于总状花序之基部，轴脆弱，成熟时逐节断落；雄花序伸长，其轴延续，成熟后整体脱落。雌小穗单生穗轴各节；第一颖质地硬，包藏着小花，第一小花中性，第二小花雌性，孕性外稃薄膜质，无芒。雄小穗孪生穗轴各节，均含 2 朵雄性小花。

生物学特性：盈江危地马拉草喜高温、高湿气候，最适于在低海拔、高温多雨且雨量分布均匀的地区生长。对土壤的适应性广泛，在酸性瘦土上可良好生长，但以在肥沃、保水性好的土壤上生长最为旺盛。不耐涝，在透气性差、经常受涝的土壤上长势较差。耐旱，在高温干旱条件下，生长缓慢，叶片卷缩，但一旦有水分供应，就很快恢复生长。对氮肥反应敏感，土壤氮素不足时，会出现株型变小、黄化及叶片早枯现象。早期生长缓慢，种植后一般 2 个月开始分蘖，3 个月后生长加快，4 个月后进入拔节期，6 个月后生长速度达到最快，约 8 个月后进入抽穗期，全生育期长达 300 d 以上。

饲用价值：盈江危地马拉草营养生长期长，其主要营养物质及干物质体外消化率可在较长时间内保持相对稳定，在热带地区干季可保持青绿状态，年产鲜草量大，适口性好。叶片的中脉较硬，且根系较浅，家畜采食时易将植株连根拔起，故不宜放牧利用，可刈割青饲或调制青贮饲料。盈江危地马拉草的化学成分如表 1-21 所示。

表 1-21 盈江危地马拉草的化学成分 （单位：%）

样品情况	干物质	占干物质					钙	磷
		粗蛋白	粗脂肪	粗纤维	无氮浸出物	粗灰分		
刈割后再生 3 周鲜草	20.90	11.99	3.55	27.96	49.10	7.40	0.38	0.25
刈割后再生 6 周鲜草	24.10	10.95	3.27	28.75	49.82	7.21	0.29	0.26
刈割后再生 9 周鲜草	24.90	9.49	3.47	31.38	49.76	5.90	0.21	0.28
刈割后再生 12 周鲜草	26.00	9.19	4.30	31.61	49.53	5.37	0.26	0.26

栽培要点：营养繁殖或种子繁殖。营养繁殖可种茎扦插或分蘖苗移栽，常用种茎扦插繁殖。扦插时选生长状况良好、茎较粗壮的作种源，扦插时株行距按 60 cm×45 cm 定植，定植时将种茎斜放于穴内，使芽点位于侧面，并至少有一个节露出土壤。种植约 20 d 后及时中耕除草，翻松土壤有利于分蘖苗的形成。植株长至约 1 m 高时即可刈割利用，刈割后及时追施氮肥利于恢复生长。

适宜区域: 热带、亚热带地区。

盈江危地马拉草群体

盈江危地马拉草基部茎秆

盈江危地马拉草根系

盈江危地马拉草花序

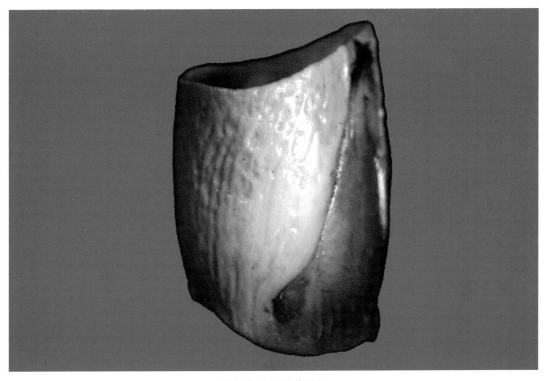

盈江危地马拉草种子

22. 粤引 1 号糖蜜草 *Melinis minutiflora* Beauv.cv.Yueyin No.1

形态特征：全株被黏质腺毛，具蜜糖味。秆基部平卧，节上生根，上部直立，具多数分枝，花期时高达 1 m，节上具柔毛。叶鞘短于节间，密被长柔毛；叶舌短，膜质；叶片线形，扁平，长 10 ~ 20 cm、宽 5 ~ 10 mm，布满浓密的黏性绒毛，呈红色，具黏性分泌物，有浓烈的糖浆状甜味。圆锥花序顶生，开展，长 10 ~ 20 cm；小穗细小而带紫色。颖果狭长卵形。

生物学特性：粤引 1 号糖蜜草适于南北纬 30° 之间、降水量 800 ~ 1 800 mm 的地区。最适生长温度为 20 ~ 30 ℃，最冷月平均温度不低于 6℃。对霜冻敏感，持续霜冻会死亡。耐旱、耐酸，是草地改良和水保的先锋草种，但不耐盐碱、火烧和连续重收。

饲用价值：粤引 1 号糖蜜草是牛的优质饲草，但因其具有特殊的气味，开始时适口性差，动物需一段时间的适应过程，一旦习惯后，则较喜食。可供放牧、刈割青饲或调制干草和青贮料。粤引 1 号糖蜜草的化学成分如表 1-22 所示。

表 1-22　粤引 1 号糖蜜草的化学成分　　　　　　　　（单位：%）

样品情况	干物质	占干物质					钙	磷
		粗蛋白	粗脂肪	粗纤维	无氮浸出物	粗灰分		
刈割后再生 3 周鲜草	23.3	13.31	3.11	27.61	45.01	10.96	0.38	0.15
刈割后再生 6 周鲜草	24.9	9.78	2.78	27.96	51.93	7.55	0.43	0.14
刈割后再生 9 周鲜草	27.0	9.51	3.25	30.14	50.48	6.62	0.42	0.15
刈割后再生 12 周鲜草	29.1	8.88	2.53	32.13	49.92	6.54	0.45	0.13

栽培要点：种子细小，整地要做到耙地均匀、土块细碎。可条播或撒播，条播行距 60 cm，播后不需覆土，播种量为 10 kg/hm^2。为保证播种均匀，可在种子中掺以细沙、细肥。粤引 1 号糖蜜草建植快，生长繁茂，年可刈割 4 ~ 5 次，刈割高度为 15 ~ 25 cm，年鲜草产量 22 500 ~ 45 000 kg/hm^2。若放牧利用，宜进行轮牧，放牧高度控制在 20 ~ 30 cm，每次放牧后待草层恢复至 30 ~ 50 cm 高时再行下次利用。

适宜区域：热带、亚热带地区。

粤引 1 号糖蜜草草地

粤引 1 号糖蜜草草地（花期）

粤引 1 号糖蜜草茎叶局部

粤引 1 号糖蜜草花序

23. 华南地毯草 *Axonopus compressus.* (Sw.) Beauv.cv.Huanan

形态特征：多年生草本。具长匍匐茎。秆高 15 ～ 40 cm，压扁，一侧具沟。叶鞘松弛，压扁，背部具脊；叶舌短，膜质；叶片扁平，线状长圆形，质柔薄，顶端钝，茎生叶长 10 ～ 25 cm，宽 6 ～ 10 mm，匍匐茎上的叶较短。总状花序长 4 ～ 10 cm，通常 3 枚着生于秆顶；小穗单生，含 2 小花，第一小花结实，第二小花不孕。颖果椭圆形至长圆形，长 1.7 ～ 2 mm。

生物学特性：华南地毯草喜潮湿的热带和亚热带气候，生长于南北纬 27° 之间、年降水量 750 mm 以上的地区，适于在潮湿的沙土上生长。不耐霜冻；不耐干旱，旱季时休眠；不耐水淹；耐荫蔽，在橡胶林及其他类似的荫蔽条件下可良好生长。根蘖及地下茎繁殖扩展迅速，侵占性强，可形成单一的优势种群落。种子产量不高，但种子生活力强，在温度 20 ～ 35℃ 的湿润条件下，发芽率达 60%，幼苗长势好。

饲用价值：华南地毯草草质柔嫩，叶量大，适口性好，各类家畜、家禽及食草性鱼类喜食，为优良牧草。但草层低，产量不高，一般直接放牧利用。此外，华南地毯草草层低矮，根蘖及地下茎繁殖扩展迅速，侵占性强，易形成草坪，是公共绿地的优良坪用草种。华南地毯草的化学成分如表 1-23 所示。

表 1-23　华南地毯草的化学成分　　　　　　　（单位：%）

样品情况	干物质	占干物质					钙	磷
		粗蛋白	粗脂肪	粗纤维	无氮浸出物	粗灰分		
旱季生长 4 周鲜草	28.60	9.00	1.50	29.20	49.80	10.50	—	—
旱季生长 8 周鲜草	35.60	7.60	1.10	28.80	54.40	8.10	—	—
雨季生长 4 周鲜草	23.80	10.50	1.20	43.10	32.80	12.40	—	—
雨季生长 8 周鲜草	24.90	11.40	1.80	42.40	34.00	10.40	—	—

栽培要点：主要用分蘖繁殖，极易成活，株行距 50 cm × 50 cm。用种子繁殖时，适宜在杂草危害较小的春末或初秋播种。播前精细整地，撒播、条播均可，播后镇压，盖土，播种量为 6 kg/hm²。建植草坪时，可分株繁殖，或将草坪切成草块，条植或穴植。

适宜区域：热带、亚热带地区。

华南地毯草群体

华南地毯草匍匐茎

华南地毯草小穗与花序

二、优良豆科牧草品种

1. 热研 1 号银合欢 *Leucaena leucocephala* (Lam.) De Wit. cv. Reyan No.1

形态特征：多年生常绿乔木，树皮灰白色，稍粗糙，高 2 ～ 10 m。偶数二回羽状复叶，叶轴长 18.8 cm；羽片 5 ～ 17 对，长 10 ～ 25 cm；在第一对羽片和顶部羽片的基部各有 1 个腺体，小叶 11 ～ 17 对，小叶片长 1.7 cm，宽 0.5 cm，先端短尖；头状花序，单生于叶腋内，具长柄，每花序有 100 余朵，密集生长在花托上呈球状，径约 2.7 cm，花白色；花瓣 5 片，分离，极狭长，长约为雄蕊的 1/3；雄蕊 10 枚，长而凸出；荚果下垂，薄而扁平，革质带状，先端凸尖，长约 23.5 cm，宽 2.2 cm，每荚有种子约 22 颗。种子扁平，褐色，具光泽。

生物学特性：热研 1 号银合欢喜温暖湿润气候。适宜年降水量 900 ～ 2 600 mm、年平均气温 20 ～ 23℃、最冷月平均 7 ～ 17℃ 的低海拔地区生长。最适土壤 pH 值为 6 ～ 7、有机质 2.5% 以上，喜阳，亦稍耐阴，耐旱，不耐渍。中国华南地区，播种后 2 ～ 3 d 发芽，5 ～ 7 d 出苗。春播的热研 1 号银合欢，当年 10—12 月开花，次年 1—3 月种子成熟。生长多年的植株，年开花 2 次，第 1 次 3—4 月开花，种子 5—6 月成熟；第 2 次 8—9 月开花，种子 11—12 月成熟。成熟后荚果开裂，散落种子，自行繁殖。

饲用价值：热研 1 号银合欢叶量大，叶片柔嫩，营养丰富，牛、羊喜食，是著名的高蛋白木本饲料，在热带地区，有"蛋白仓库"之称。热研 1 号银合欢可刈割青饲或加工叶粉，也可种植于人工草地，供放牧利用。热研 1 号银合欢的化学成分如表 1–24 所示。

表 1–24　热研 1 号银合欢的化学成分　　（单位：%）

样品情况	干物质	占干物质					钙	磷
		粗蛋白	粗脂肪	粗纤维	无氮浸出物	粗灰分		
叶片	35.69	26.69	5.10	11.40	50.56	6.25	0.80	0.21
嫩枝	30.90	10.81	1.44	46.77	34.91	6.07	0.41	0.18

栽培要点：热研 1 号银合欢种皮坚硬、吸水性差，播前用 80℃ 热水浸种 4 min，以促发芽。播前应耕翻土地，适当施肥。播种方法多用条播，行距约 1 m，播种量 15 ～ 30 kg/hm²，播深 2 ～ 3 cm。山地可挖穴播种，穴距 80 cm×80 cm，每穴 4 ～ 5 粒种子，苗期应及时清除杂草。当株高 1 m 以上时可刈割利用，留茬约 30cm，每年可刈割

4～6次，越冬前应停止刈割。

适宜区域： 热带、亚热带地区。

热研 1 号银合欢枝叶

热研 1 号银合欢叶片

热研 1 号银合欢花序

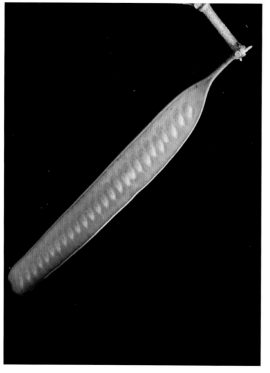

热研 1 号银合欢荚果

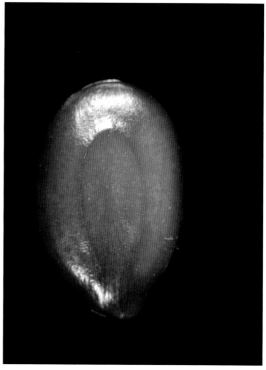

热研 1 号银合欢种子

2. 热研 2 号圭亚那柱花草 *Stylosanthes guianensis* Sw. cv. Reyan No.2

形态特征：多年生半直立草本。分枝多，斜向上生长，株高 0.8 ~ 1.5 m，茎粗 0.2 ~ 0.3 cm。三出复叶，小叶长坡针形，青绿色，两侧小叶较小。穗状花序，顶生或腋生，1 ~ 4 个穗状花序着生成一簇，每个花序有小花 10 ~ 16 朵。荚果棕褐色，肾形至椭圆形，长 2.1 ~ 3 mm，每荚含 1 粒种子。种子肾形，呈土黄色或黑色，长 2 ~ 2.4 mm，宽 1.1 ~ 1.5 mm。

生物学特性：热研 2 号圭亚那柱花草适应性强，抗性广，耐酸瘦土壤，可在 pH 值 4 ~ 4.5 的强酸性土壤上良好生长，从沙土到重黏质土壤均可良好生长并表现良好的生产性能。耐干旱，不耐火烧，抗炭疽病能力较强。

饲料价值：热研 2 号圭亚那柱花草适口性好，富含维生素和多种氨基酸，营养价值丰富，各家畜喜食，可放牧利用，也适于刈割青饲、调制青贮饲料或生产干草粉。热研 2 号圭亚那柱花草的化学成分如表 1-25 所示。

表 1-25 热研 2 号圭亚那柱花草的化学成分 （单位：%）

样品情况	干物质	占干物质					钙	磷
		粗蛋白	粗脂肪	粗纤维	无氮浸出物	粗灰分		
营养期鲜草	30.29	11.75	2.08	39.04	41.07	6.06	0.76	0.18

栽培要点：种子繁殖，播种前将种子用 80 ℃ 的热水浸种 3 ~ 5 min，后用 2 000 ~ 3 000 倍液的多菌灵溶液浸种 10 ~ 15 min，这不仅可提高种子的发芽率，还可杀死种子携带的炭疽病菌。撒播或条播，播种量为 7.5 ~ 15.0 kg/hm^2。种植当年，株高 60 ~ 80 cm 时，可进行第一次刈割，刈割高度 30 cm，刈割后若植株再生良好，可在 11 月前进行第二次刈割，此后每年可刈割 3 ~ 4 次。

适宜区域：热带、亚热带地区。

热研 2 号圭亚那柱花草群体

热研 2 号圭亚那柱花草茎枝

热研 2 号圭亚那柱花草花

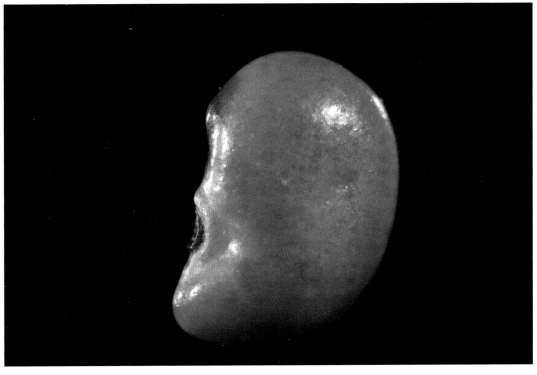

热研 2 号圭亚那柱花草种子

3. 热研 5 号圭亚那柱花草 *Stylosanthes guianensis* Sw. cv. Reyan No.5

形态特征：多年生直立草本，株高 1.3～1.8 m，多分枝。三出复叶，小叶披针形，中间小叶较大，长 2.1～2.8 cm，宽 0.4～0.6 cm。复穗状花序顶生，花黄色。荚果小，褐色，内含 1 粒种子。种子肾形，黑色。

生物学特性：热研 5 号圭亚那柱花草适宜在年降水量 700～1 000 mm、年平均气温 20～25℃以上的无霜地区生长；耐酸性瘦土，在 pH 值 4.5 左右的强酸性土壤仍能茂盛生长；稍耐寒冷和阴雨天，在中国海南地区，冬季低温（5～10℃）潮湿气候条件下能保持青绿。花期早，在海南儋州地区 9 月底始花，10 月底盛花，11 月底种子成熟。

饲用价值：热研 5 号圭亚那柱花草适口性好，富含维生素和多种氨基酸，营养价值丰富，各家畜喜食，可放牧利用，也适于刈割青饲、调制青贮饲料或生产干草粉。热研 5 号圭亚那柱花草的化学成分如表 1-26 所示。

表 1-26　热研 5 号圭亚那柱花草的化学成分　　　　　（单位：%）

样品情况	干物质	占干物质					钙	磷
		粗蛋白	粗脂肪	粗纤维	无氮浸出物	粗灰分		
营养期鲜草	25.30	13.59	2.14	31.76	46.05	6.46	0.89	0.25

栽培要点：种子繁殖，播种前将种子用 80℃的热水浸种 3～5 min，后用 2 000～3 000 倍液的多菌灵溶液浸种 10～15 min，这不仅可提高种子的发芽率，还可杀死种子携带的炭疽病菌。撒播或条播，播种量为 7.5～15.0 kg/hm²。种植当年，株高 60～80 cm 时，可进行第一次刈割，刈割高度 30 cm，此后每年可刈割 2～3 次。

适宜区域：热带、亚热带地区。

热研 5 号圭亚那柱花草植株

热研 5 号圭亚那柱花草茎叶

热研 5 号圭亚那柱花草花序

热研 5 号圭亚那柱花草种子

4. 热研7号圭亚那柱花草 *Stylosanthes guianensis* Sw. cv. Reyan No.7

形态特征：多年生直立草本。株高 1.4 ～ 1.8 m，多分枝。三出复叶，小叶长椭圆形，中间小叶较大，长 2.5 ～ 3.0 cm，宽 0.5 ～ 0.7 cm，两侧小叶较小，长 1 ～ 1.4 cm，宽 0.4 ～ 0.6 cm，茎、枝、叶均被有茸毛。复穗状花序顶生，有小花 4 ～ 6 朵，花黄色；荚果小，浅褐色，内含 1 粒种子。种子肾形，浅黑色。

生物学特性：热研7号圭亚那柱花草喜热带潮湿气候，适于年平均气温 20 ～ 25℃、年降水量 1 000 mm 以上的无霜地区种植。耐旱、耐酸瘠土，抗病，但不耐阴和渍水。中国广东地区，10 月中旬现蕾，11 月下旬进入始花期，12 月下旬为盛花期。海南地区，12 月至翌年 1 月为盛花期，2—3 月为种子成熟期。

饲用价值：热研7号圭亚那柱花草适口性好，富含维生素和多种氨基酸，各家畜喜食，可放牧利用，也适于刈割青饲、调制青贮饲料或生产干草粉，年均鲜草产量为 43 000 kg/hm^2。热研7号圭亚那柱花草的化学成分如表 1-27 所示。

表 1-27 热研7号圭亚那柱花草的化学成分 （单位：%）

样品情况	干物质	占干物质					钙	磷
		粗蛋白	粗脂肪	粗纤维	无氮浸出物	粗灰分		
营养期鲜草	34.63	9.73	1.82	34.09	48.92	5.44	0.78	0.15

栽培要点：种子繁殖，播种前将种子用 80 ℃ 的热水浸种 3 ～ 5 min，后用 2 000 ～ 3 000 倍液的多菌灵溶液浸种 10 ～ 15 min，这不仅可提高种子的发芽率，还可杀死种子携带的炭疽病菌。撒播或条播，播种量为 7.5 ～ 15.0 kg/hm^2。种植当年，株高 60 ～ 80 cm 时，可进行第一次刈割，刈割高度 30 cm，刈割后若植株再生良好，可在 11 月前进行第二次刈割，此后每年可刈割 3 ～ 4 次。

适宜区域：热带、亚热带地区。

热研 7 号圭亚那柱花草植株

热研 7 号圭亚那柱花草茎叶

热研 7 号圭亚那柱花草花序

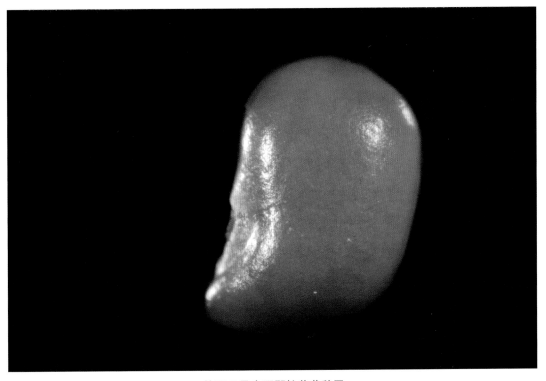

热研 7 号圭亚那柱花草种子

5. 热研10号圭亚那柱花草 *Stylosanthes guianensis* Sw. cv. Reyan No.10

形态特征：多年生直立草本，株高1～1.3 m；三出复叶，中间小叶较大，长3.3～4.5 cm，宽0.5～0.7 cm，两侧小叶较小，长2.5～3.5 cm，宽0.4～0.6 cm。复穗状花序顶生，每个花序具小花4～6朵，蝶形花冠，黄色；荚果小，深褐色，内含1粒种子。种子肾形，浅褐色。

生物学特性：热研10号圭亚那柱花草喜热带潮湿气候，适于年平均气温20～25℃、年降水量1 000 mm以上的无霜区种植。抗炭疽病及耐寒能力比热研2号圭亚那柱花草强。晚熟品种，在中国海南省儋州地区11月底—12月盛花，翌年1月下旬种子才成熟。耐旱、耐酸瘠土，抗病，但不耐阴和渍水。

饲用价值：热研10号圭亚那柱花草适口性好，富含维生素和多种氨基酸，营养价值丰富，各家畜喜食，可放牧利用，也适于刈割青饲、调制青贮饲料或生产干草粉，鲜草产量为30 000～33 000 kg/hm²。热研10号圭亚那柱花草的化学成分如表1-28所示。

表1-28　热研10号圭亚那柱花草的化学成分　　　　　（单位：%）

样品情况	干物质	占干物质					钙	磷
		粗蛋白	粗脂肪	粗纤维	无氮浸出物	粗灰分		
营养期鲜草	32.78	13.14	2.18	29.22	49.46	6.00	0.71	0.28

栽培要点：种子繁殖，播种前将种子用80℃的热水浸种3～5 min，后用2 000～3 000倍液的多菌灵溶液浸种10～15min，这不仅可提高种子的发芽率，还可杀死种子携带的炭疽病菌。撒播或条播，播种量为7.5～15.0 kg/hm²。种植当年，株高60～80 cm时，可进行第一次刈割，刈割高度30 cm，刈割后若植株再生良好，可在11月前进行第二次刈割，此后每年可刈割3～4次。

适宜区域：热带、亚热带地区。

热研 10 号圭亚那柱花草植株

热研 10 号圭亚那柱花草茎叶

热研 10 号圭亚那柱花草花序

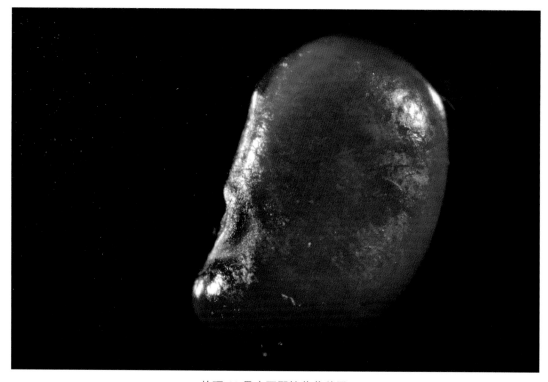

热研 10 号圭亚那柱花草种子

6. 热研 18 号圭亚那柱花草 *Stylosanthes guianensis* (Aubl.) cv. Reyan No. 18

形态特征：多年生草本，株高 1.1 ～ 1.5 m，茎粗 0.5 ～ 1.5 cm，多分枝，茎密被长柔毛。三出复叶，中央小叶长椭圆形，长 3.3 ～ 3.9 cm，宽 0.6 ～ 1.1 cm。密穗状花序顶生或腋生，花序长 1 ～ 1.5 cm。荚果具一节荚，褐色，卵形，长 2.6 mm，宽 1.7 mm，具短而略弯的喙，具 1 粒种子。种子肾形，浅褐色，具光泽，长 1.5 ～ 2.2 mm，宽约 1 mm。

生物学特性：热研 18 号圭亚那柱花草喜潮湿的热带气候。适应各种土壤类型，尤耐低肥力土壤和低磷土壤。极耐干旱，可耐 4 ～ 5 个月的连续干旱，在年降水量 600 mm 以上的热带地区表现良好。具一定的耐阴性，可耐受一定程度遮阴。抗柱花草炭疽病，极显著优于热研 2 号和热研 5 号圭亚那柱花草。

饲用价值：热研 18 号圭亚那柱花草适口性好，富含维生素和多种氨基酸，营养价值丰富，各家畜喜食，可放牧利用，也适于刈割青饲、调制青贮饲料或生产干草粉，鲜草产量约 10 736 kg/hm²。热研 18 号圭亚那柱花草的化学成分如表 1-29 所示。

表 1-29　热研 18 号圭亚那柱花草的化学成分　　　　　　　（单位：%）

样品情况	干物质	占干物质					钙	磷
		粗蛋白	粗脂肪	粗纤维	无氮浸出物	粗灰分		
开花期绝干	100	19.18	2.57	31.65	41.06	5.85	—	—

栽培要点：种子繁殖，播种前将种子用 80℃ 的热水浸种 3 ～ 5min，后用 2 000 ～ 3 000 倍液的多菌灵溶液浸种 10 ～ 15min，这不仅可提高种子的发芽率，还可杀死种子携带的炭疽病菌。撒播或条播，播种量为 7.5 ～ 15.0 kg/hm²。种植当年，株高 60 ～ 80 cm 时，可进行第一次刈割，刈割高度 30 cm，刈割后若植株再生良好，可在 11 月前进行第二次刈割，此后每年可刈割 3 ～ 4 次。

适宜区域：热带、亚热带地区。

热研 18 号圭亚那柱花草群体

热研 18 号圭亚那柱花草茎叶

热研 18 号圭亚那柱花草花

热研 18 号圭亚那柱花草荚果与种子

7. 热研 20 号圭亚那柱花草 *Stylosanthes guianensis* Sw. Reyan No.20

形态特征：多年生半直立亚灌木，株高 1.1 ～ 1.5 m，茎粗 0.5 ～ 1.5 cm，多分枝。三出复叶，中央小叶长椭圆形，长 3.3 ～ 3.9 cm，宽 0.45 ～ 0.73 cm，先端急尖，叶背腹均被疏柔毛。密穗状花序顶生或腋生，花序长 1 ～ 1.5 cm；蝶形花冠，旗瓣橙黄色，具棕红色细脉纹。荚果具一节荚，褐色，卵形，长 2.65 mm，宽 1.75 mm，具短而略弯的喙，具 1 粒种子。种子肾形，黄色至浅褐色，具光泽。

生物学特性：热研 20 号圭亚那柱花草喜潮湿的热带气候。适应各种土壤类型，尤耐低肥力土壤、酸性土壤和低磷土壤。极耐干旱；抗柱花草炭疽病；具有较好的放牧与刈割性能，植株存活率较高。一般当年种植 10 月中旬开始开花，12 月上旬盛花，12 月至翌年 1 月种子成熟。

饲用价值：热研 20 号圭亚那柱花草适口性好，富含维生素和多种氨基酸，营养价值丰富，各家畜喜食，可放牧利用，也适于刈割青饲、调制青贮饲料或生产干草粉。热研 20 号圭亚那柱花草的化学成分如表 1–30 所示。

表 1–30　热研 20 号圭亚那柱花草的化学成分 （单位：%）

样品情况	干物质	占干物质					钙	磷
		粗蛋白	粗脂肪	粗纤维	无氮浸出物	粗灰分		
营养期鲜草	26.21	21.01	5.73	35.27	30.87	7.12	—	—

栽培要点：种子繁殖，播种前将种子用 80℃的热水浸种 3 ～ 5min，后用 2 000 ～ 3 000 倍液的多菌灵溶液浸种 10 ～ 15min，这不仅可提高种子的发芽率，还可杀死种子携带的炭疽病菌。撒播或条播，播种量为 7.5 ～ 15.0 kg/hm^2。种植当年，株高 60 ～ 80 cm 时，可进行第一次刈割，刈割高度 30 cm，刈割后若植株再生良好，可在 11 月前进行第二次刈割，此后每年可刈割 3 ～ 4 次。

适宜区域：热带、亚热带地区。

热研 20 号圭亚那柱花草群体

热研 20 号圭亚那柱花草茎叶

热研 20 号圭亚那柱花草花序

热研 20 号圭亚那柱花草种子与荚果

8. 热研21号圭亚那柱花草 *Stylosanthes guianenesis* Sw. Reyan No.21

形态特征：多年生半直立草本，株高0.8～1.2 m，多分枝。三出复叶，两侧小叶较小，长1.5～3.2 cm，宽0.5～1.0 mm。密穗状花序顶生或腋生；旗瓣乳白色，具红紫色细脉纹，翼瓣2枚，比旗瓣短，淡黄色。荚果具一节荚，褐色，卵形，具短而略弯的喙，具1粒种子。种子肾形，黄色至浅褐色，具光泽，长1.5～2.2 mm，宽约1 mm。

生物学特性：热研21号圭亚那柱花草喜潮湿的气候。适应各种土壤类型，尤耐低磷土壤和酸性瘦土，能在pH值4～5的强酸性土壤和贫瘠的砂质土壤上良好生长。耐干旱，可耐4～5个月的连续干旱，在年降水量755 mm以上的热带地区表现良好。

饲用价值：热研21号圭亚那柱花草适口性好，富含维生素和多种氨基酸，营养价值丰富，各家畜喜食，可放牧利用，也适于刈割青饲、调制青贮饲料或生产干草粉。热研21号圭亚那柱花草的化学成分如表1-31所示。

表1-31　热研21号圭亚那柱花草的化学成分　　　　（单位：%）

样品情况	干物质	占干物质					钙	磷
		粗蛋白	粗脂肪	粗纤维	无氮浸出物	粗灰分		
营养期鲜草	25.98	19.82	5.56	30.96	36.09	7.57	—	—

栽培要点：种子繁殖，播种前将种子用80℃的热水浸种3～5min，后用2 000～3 000倍液的多菌灵溶液浸种10～15 min，这不仅可提高种子的发芽率，还可杀死种子携带的炭疽病菌。撒播或条播，播种量为7.5～15.0 kg/hm²。种植当年，株高60～80 cm时，可进行第一次刈割，刈割高度30 cm，此后每年可刈割2～3次。

适宜区域：热带、亚热带地区。

热研 21 号圭亚那柱花草群体

热研 21 号圭亚那柱花草茎叶

热研 21 号圭亚那柱花草花

热研 21 号圭亚那柱花草种子与荚果

9. 热研 24 号圭亚那柱花草 *Stylosanthes guianenesis* Sw.Reyan No.24

形态特征：多年生半直立草本，株高 1.0～1.5 m，多分枝。三出复叶，小叶长椭圆形，中央小叶较大，长 3.0～3.9 cm，宽 0.5～0.8 cm。花序顶生或腋生，蝶形花冠，旗瓣橙黄色。荚果褐色，卵形，长 2.0～3.0 mm，宽 1.4～1.6 mm，具 1 粒种子。种子肾形，浅褐色，长 2.0～4.0 mm，宽 1.1～1.5 mm。

生物学特性：热研 24 号圭亚那柱花草喜潮湿的气候。适应各种土壤类型，尤耐低磷土壤和酸性瘠土，能在 pH 值 4～5 的强酸性土壤和贫瘠的砂质土壤上良好生长。抗柱花草炭疽病。中国海南地区初花期在 10 月下旬，盛花期在 12 月中旬，12 月至翌年 1 月种子成熟。

饲用价值：热研 24 号圭亚那柱花草适口性好，富含维生素和多种氨基酸，营养价值丰富，各家畜喜食，可放牧利用，也适于刈割青饲、调制青贮饲料或生产干草粉。热研 24 号圭亚那柱花草的化学成分如表 1-32 所示。

表 1-32　热研 24 号圭亚那柱花草的化学成分　　　　　（单位：%）

样品情况	干物质	占干物质					钙	磷
		粗蛋白	粗脂肪	粗纤维	无氮浸出物	粗灰分		
营养期鲜草绝干样	100	16.19	1.55	29.88	40.74	6.64	0.64	0.14

栽培要点：种子繁殖，播种前将种子用 80℃ 的热水浸种 3～5min，后用 2 000～3 000 倍液的多菌灵溶液浸种 10～15min，这不仅可提高种子的发芽率，还可杀死种子携带的炭疽病菌。撒播或条播，播种量为 7.5～15.0 kg/hm²。种植当年，株高 60～80 cm 时，可进行第一次刈割，刈割高度 30 cm，此后每年可刈割 2～3 次。

适宜区域：热带、亚热带地区。

热研 24 号圭亚那柱花草群体

热研 24 号圭亚那柱花草茎叶

热研 24 号圭亚那柱花草花

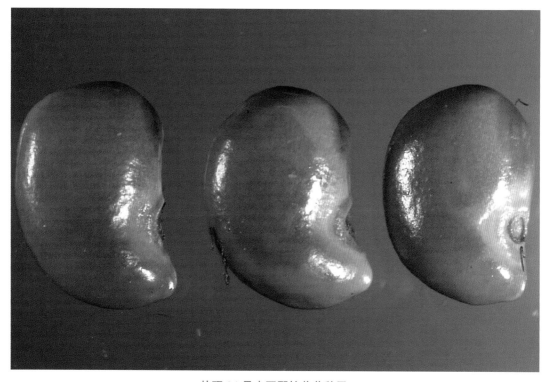

热研 24 号圭亚那柱花草种子

10. 热研 25 号圭亚那柱花草 *Stylosanthes guianenesis* Sw. Reyan No.25

形态特征：多年生半直立草本。株高 1.1 ～ 1.5 m，基部茎粗 0.5 ～ 1.5 cm，多分枝，全株密被绵毛和稀疏褐色腺毛。托叶与叶柄贴生成鞘状，宿存；羽状三出复叶，中央小叶长椭圆形，长 3.1 ～ 3.7 cm，宽 0.7 ～ 1.3 cm。花序具无限分枝生长习性，穗形总状花序，长 1 ～ 1.5 cm；花冠蝶形，花小；旗瓣橙黄色，具棕红色细脉纹。荚果褐色，卵形，长 2.6 mm，宽 1.7 mm，具短而略弯的喙，有 1 粒种子。种子肾形，黄色至浅褐色，具光泽，长 1.5 ～ 2.2 mm，宽约 1 mm。

生物学特性：热研 25 号圭亚那柱花草喜潮湿的热带气候，适应各种土壤类型，耐低肥力土壤、酸性土壤和低磷土壤，能在 pH 值 4.0 ～ 5.0 的强酸性土壤和贫瘠的砂质土壤上良好生长。极耐干旱，可耐 4 ～ 5 个月的连续干旱，在年降水量 600 mm 以上的热带地区表现良好。抗柱花草炭疽病。开花晚，中国海南省儋州地区，当年种植 11 月中旬开始开花，12 月中旬盛花，翌年 1 月下旬种子成熟，种子产量较低。

饲用价值：热研 25 号圭亚那柱花草适口性较好，富含维生素和多种氨基酸，冬、春旱季产量高，可放牧利用，也适于刈割青饲、调制青贮饲料或生产干草粉。热研 25 号圭亚那柱花草的化学成分如表 1-33 所示。

表 1-33　热研 25 号圭亚那柱花草的化学成分　　　　　　（单位：%）

样品情况	干物质	占干物质					钙	磷
		粗蛋白	粗脂肪	粗纤维	无氮浸出物	粗灰分		
营养期鲜草	25.98	9.63	3.10	38.28	40.24	8.75	1.325	0.201

栽培要点：种子繁殖，播种前将种子用 80℃ 的热水浸种 3 ～ 5min，后用 2 000 ～ 3 000 倍液的多菌灵溶液浸种 10 ～ 15 min，这不仅可提高种子的发芽率，还可杀死种子携带的炭疽病菌。撒播或条播，播种量为 7.5 ～ 15.0 kg/hm²。种植当年，株高 60 ～ 80 cm 时，可进行第一次刈割，刈割高度 30 cm，刈割后若植株再生良好，可在 11 月前进行第二次刈割，此后每年可刈割 3 ～ 4 次。

适宜区域：热带、亚热带地区。

热研 25 号圭亚那柱花草植株

热研 25 号圭亚那柱花草分枝

热研 25 号圭亚那柱花草株丛

热研 25 号圭亚那柱花草花

热研 25 号圭亚那柱花草种子

11. 西卡粗糙柱花草 *Stylosanthes scabra* Vog.cv.Seca

形态特征：多年生灌木状草本。根系发达，茎直立或半直立，株高 1.3 ～ 1.5 m，基部茎粗 0.5 ～ 1.5 cm，多分枝，被刚毛。三出复叶，小叶长椭圆形至倒披针形，顶端钝，具短尖，两面被毛，中间小叶较大，长 1.5 ～ 2.1 cm，宽 6 ～ 9 mm，两侧小叶较小，长 1.3 ～ 1.5 cm，宽 4 ～ 7 mm。密穗状花序顶生或腋生，花黄色。荚果小，褐色。种子肾形，黄色，具光泽。

生物学特性：西卡粗糙柱花草喜湿润的热带气候。对土壤的适应性广泛，耐酸性瘠土，在 pH 值 4 ～ 4.5 的酸性土壤和滨海滩涂地种植可茂盛生长，自繁良好。根系发达，分布深广，极耐干旱，可在年降水量仅 500 mm 的热带地区生长。耐火烧，火烧过后尽管地上部分大部分死亡，但植株基部或根部能很快抽芽生长，落地种子亦能在雨后发芽生长。耐牧、耐践踏。通常 9 月进入始花期，10 月为盛花期，11 月中旬种子开始成熟，12 月至翌年 1 月均可采收种子。

饲用价值：西卡粗糙柱花草是热带干旱、半干旱地区最主要的放牧型豆科牧草品种，牛、羊、鹿喜食，可与网脉臂形草、圭亚那须芒草、坚尼草等禾本科牧草混播建植优质放牧草地。西卡粗糙柱花草的化学成分如表 1-34 所示。

表 1-34　西卡粗糙柱花草的化学成分　　　　　　　（单位：%）

样品情况	干物质	占干物质					钙	磷
		粗蛋白	粗脂肪	粗纤维	无氮浸出物	粗灰分		
营养期鲜草	24.80	14.70	2.87	39.20	37.37	5.86	1.15	0.80
开花期鲜草	26.20	10.38	2.42	45.91	35.13	6.13	1.09	0.10

栽培要点：西卡粗糙柱花草种子硬实率高，播种前需对种子进行处理，以提高种子的发芽率，常用的方法是用 80℃ 热水浸种 3 ～ 5 min。单播播种量为 10 ～ 15 kg/hm²，与其他禾本科牧草混播时，则按 60% 西卡粗糙柱花草加 40% 禾本科牧草的比例进行播种。作为种子生产时，宜育苗移栽，株行距为 80 cm × 80 cm 或 50 cm × 100 cm。

适宜区域：热带、亚热带地区。

西卡粗糙柱花草植株

西卡粗糙柱花草茎叶

西卡粗糙柱花草花序

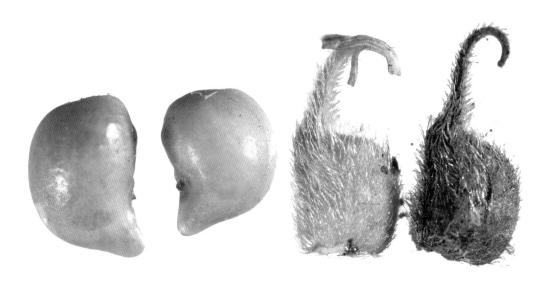

西卡粗糙柱花草种子与荚果

12. 维拉诺有钩柱花草 *Stylosanthes hamata* cv. Verano

形态特征：一年生或短期多年生草本，半直立，多分枝，株高 0.8～1.0 m。三出复叶，叶片狭长，长 2～3 cm，宽 3～4 mm。穗状花序，花小、黄色。荚果小，种荚厚硬，脉明显，其上有一长 3～5 mm 的卷钩，荚内含 1 粒种子，种荚与种子不易分离。种子肾形，褐色、黄色或绿黄色。

生物学特性：维拉诺有钩柱花草抗逆性强，适应性广，耐旱、耐瘠、耐酸、抗病虫害。苗期生长缓慢，播种后 60 d 生长加快。中国海南省儋州地区 5 月下旬初花，6 月中旬进入盛花，7 月末即有种子成熟，花期长，种子收获期可延至翌年 1 月。种子产量高，一般年产种子 450～900 kg/hm²。种皮厚实，发芽率低。

饲用价值：维拉诺有钩柱花草适口性好、品质优，适合在干旱地区与紫花大翼豆、臂形草等牧草混播建植优质人工放牧草地。除放牧利用外，也可加工草粉等。维拉诺有钩柱花草的化学成分如表 1-35 所示。

表 1-35 维拉诺有钩柱花草的化学成分 （单位：%）

样品情况	干物质	占干物质					钙	磷
		粗蛋白	粗脂肪	粗纤维	无氮浸出物	粗灰分		
开花期鲜草	22.0	13.64	2.73	36.36	41.82	5.45	—	—
开花期干样	87.0	13.45	2.64	36.21	42.07	5.63	—	—

栽培要点：维拉诺有钩柱花草种荚与种子不易分离，且种皮厚实，种子硬实率高，故播种前需进行种子处理，常用的方法是用 80℃热水浸种 3～4 min。建植放牧草地时宜撒播，播种量为 6～10 kg/hm²。建植种子田时宜条播，行距为 50～60 cm。也可育苗移栽，播种后 45～50 d，苗高 15～20 cm 时选阴雨天定植，株行距为 60 cm×60 cm。

适宜区域：热带、亚热带地区。

维拉诺有钩柱花草植株

维拉诺有钩柱花草茎

维拉诺有钩柱花草花

维拉诺有钩柱花草种子与荚果

13. 热研 12 号平托落花生 *Arachis pintoi* Krap. & Greg. cv. Reyan No.12

形态特征：多年生匍匐型草本。草层高 20～30 cm，全株被稀疏茸毛。羽状复叶；托叶披针形长约 3 cm；叶柄长 5～7 cm，被柔毛，2 对小叶，上部 1 对较大，倒卵形。总状花序腋生，萼管长 8～13 cm；小花无柄，线状排列，有托状苞片；旗瓣浅黄色，有橙色条纹，圆形，长 1.5～1.7 cm，宽 1.2～1.4 cm，翼瓣钝圆，橙黄色，长 10 mm，龙骨瓣喙状，长约 5 mm；雄蕊 8 枚合生，子房含 2～3 个胚珠，多数形成一荚，每荚 1 粒种子，偶有 2 粒，极少 3 粒。种子褐色。

生物学特性：热研 12 号平托落花生喜热带潮湿气候，最适生长温度为 25～28℃。对土壤适应范围广，从重黏土到沙土均能良好生长，耐酸瘦土壤，在 pH 值为 5.5～8.5 的土壤上表现良好，中等程度耐盐碱。耐阴性强，在阴凉条件下比全日照条件下产草量和叶面积数提高，侵占性增强，可耐受 70%～80% 的遮阴。花期长，全年约 10 个月不间断开花。

饲用价值：热研 12 号平托落花生适口性好，营养价值高，干物质消化率高，家畜全年喜食，是放牧草地的优良豆科牧草品种。与禾草亲和性好，可与臂形草、狗牙根、毛花雀稗等禾草建立稳定持久的混播草地。此外，具匍匐茎，分枝多，茎节上生根并萌发新的植株，再生能力强，园地种植可形成良好的草层，是理想的园地覆盖和地被植物。热研 12 号平托落花生的化学成分如表 1-36 所示。

表 1-36　热研 12 号平托落花生的化学成分　　　　　　　　（单位：%）

样品情况	干物质	占干物质					钙	磷
		粗蛋白	粗脂肪	粗纤维	无氮浸出物	粗灰分		
茎叶	26.38	18.60	6.90	25.40	39.80	9.30	1.70	0.18

栽培要点：由于种子产量低，收获成本高，除小规模种植外，主要以营养体繁育为主。选择土层深厚、结构疏松、肥沃、灌排水良好的壤土或沙壤土，种植前 1 个月进行备耕，深翻 15～20 cm，清除杂草、平整地面。选取匍匐茎切段，每切段带 3～5 节，除去叶片，挖穴扦插，2～3 节埋入地下，地面露 1～2 节，株行距为 30 cm × 30 cm 或 20 cm × 30 cm，每穴扦插 2～3 个切段。扦插后，保持土壤湿润，2～4 个月后，可形成覆盖层。待致密草层形成后，便可放牧或刈割利用。刈割利用时，一般每年可刈割 2～6 次，刈割高度 8～10 cm。如果生长太高（25 cm 以上），刈割高度要适当提高，避免造成茎和地表裸露，削弱其对不良环境特别是干旱的抗性。

适宜区域：热带、亚热带地区。

热研 12 号半托落花生草地

热研 12 号平托落花生茎叶

热研 12 号平托落花生花

热研 12 号平托落花生荚果与种子

14. 阿玛瑞罗平托落花生 *Arachis pintoi* Krap. & Greg. cv. Ama-rillo

形态特征：多年生匍匐型草本。草层高 10～30 cm。茎贴地生长，分枝多，节处生根。羽状复叶，4 片长卵形小叶互生。腋生总状花序，蝶形花冠，黄色，花期长。荚果果嘴明显，果壳薄，每荚有 1 粒种子，少数有 2～3 粒。种子褐色。

生物学特性：阿玛瑞罗平托落花生对土壤适应范围广，从重黏土到沙土均能良好生长。耐酸瘦土壤，能在强酸性红壤地上生长。耐旱、耐寒，中国福建省普遍生长良好，能安全越冬。有较强的耐阴能力，适于果园套种。

饲用价值：阿玛瑞罗平托落花生适口性好，营养价值高，干物质消化率高，家畜全年喜食，是放牧草地的优良豆科牧草品种。有较强的耐阴能力，果园套种效果好。阿玛瑞罗平托落花生的化学成分如表 1-37 所示。

表 1-37 阿玛瑞罗平托落花生的化学成分 （单位：%）

样品情况	干物质	占干物质					钙	磷
		粗蛋白	粗脂肪	粗纤维	无氮浸出物	粗灰分		
茎叶	28.64	15.27	1.99	25.54	47.01	10.19	2.75	0.26

栽培要点：种子产量低，收获成本高，除小规模种植外，主要以营养体繁育为主。选择土层深厚、结构疏松、肥沃、灌排水良好的壤土或沙壤土，种植前 1 个月进行备耕，深翻 15～20 cm，清除杂草、平整地面。选取匍匐茎切段，每切段带 3～5 节，除去叶片，挖穴扦插，2～3 节埋入地下，地面露 1～2 节，株行距为 30 cm×30 cm 或 20 cm×30 cm，每穴扦插 2～3 个切段。扦插后，保持土壤湿润，2～4 个月后，可形成覆盖层。待致密草层形成后，每 2～3 个月可收割 1 次，割草时留茬 5～10 cm，以利恢复生长。

适宜区域：热带、亚热带地区。

阿玛瑞罗平托落花生草地

阿玛瑞罗平托落花生茎叶

15. 色拉特罗大翼豆 *Macroptilium atropurpureum* cv. Siratro

形态特征：多年生缠绕性草本。茎匍匐，柔毛多，分枝向四周伸展，长达 4 m 以上。羽状三出复叶，小叶卵圆形、菱形或披针形，全缘或具 1～3 浅裂，上面绿色疏被毛，下面被银灰柔毛。总状花序，总花梗长 10～20 cm，深紫色，翼瓣特大。荚果直，扁圆形，长约 7.5 cm，径 0.4～0.6 cm，含种子 7～13 粒，成熟时容易自裂。种子长圆状椭圆形，长约 4 mm，具棕色及黑色花纹，具凹痕。

生物学特性：色拉特罗大翼豆为喜光喜温的短日照植物。最适生长温度为 25～30℃，温度低于 21℃时生长缓慢。耐寒，受霜后仅地上部枯黄，在 -9℃ 情况下，存活率仍可达 80%。对土壤的适应性广泛，但在土层深厚、排水良好的土壤上生长最为旺盛，适宜的土壤 pH 值为 4.5～8，耐中度盐碱性土壤。耐旱性强，在年降水量 650 mm 的热带地区也可生长。一般 3—12 月都可开花，6—12 月种子成熟。

饲用价值：色拉特罗大翼豆叶量大、营养价值高，牛、羊、鹿喜食。耐牧，可与俯仰马唐、非洲狗尾草等禾本科牧草混播建植放牧草地，也可刈割青饲、晒制干草或加工草粉。色拉特罗大翼豆的化学成分如表 1-38 所示。

表 1-38　色拉特罗大翼豆的化学成分　　　　　　（单位：%）

样品情况	干物质	占干物质					钙	磷
		粗蛋白	粗脂肪	粗纤维	无氮浸出物	粗灰分		
营养期茎叶	27.86	22.18	2.42	25.38	38.21	11.81	1.22	0.24

栽培要点：播种前，精细整地，去除杂草等竞争性植物。结合整地，施有机肥 15 000 kg/hm²、磷肥 200～300 kg/hm² 作基肥，缺钾的土壤需增施钾肥。条播或撒播，条播时行距为 40～50 cm，播种量为 3.75～7.50 kg/hm²，撒播时播种量为 7.50～15.0 kg/hm²。播种期以 4—7 月为宜。建成后种子可落地自繁，故易保持长久。与禾草混播时，可以同时分行播种，一般播种量为 3.0 kg/hm²；也可直接撒播于已建植的禾草草地上，雨季极易出苗。

适宜区域：热带、亚热带地区。

色拉特罗大翼豆植株

色拉特罗大翼豆叶片

色拉特罗大翼豆花

色拉特罗大翼豆花序

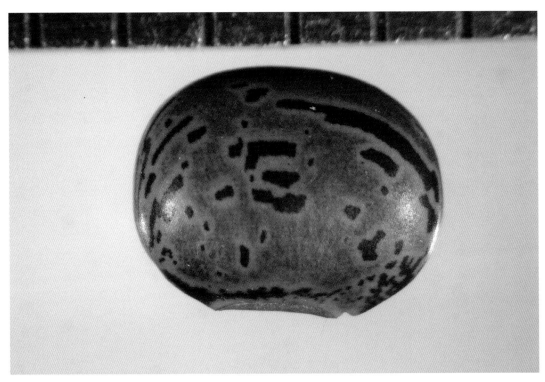

色拉特罗大翼豆种子

16. 热研 17 号爪哇葛藤 *Pueraria phaseoloides* Benth. cv. Ren-yan No.17

形态特征：多年生草质藤本。茎纤细，长可达 10 m 以上，多分枝，全株被毛。羽状复叶，有小叶 3 片，顶生小叶卵形、菱形或近圆形，长 6 ~ 20 cm，宽 6 ~ 15 cm。总状花序，腋生，长 15 ~ 20 cm，花紫色。荚果线形或圆柱形，含种子 10 ~ 20 粒。种子棕色，长椭圆形，长约 3 mm，宽约 2 mm。

生物学特性：热研 17 号爪哇葛藤喜高温多雨的热带气候，在年降水量为 1 200 ~ 1 500 mm 的热带气候条件下生长良好。耐重黏质和酸瘦土壤，在 pH 值为 4.5 ~ 5.0 的强酸性土壤和贫瘠的砂质土壤上良好生长。较耐干旱，耐阴，可耐 60% 遮阴。

饲用价值：热研 17 号爪哇葛藤茎叶幼嫩，适口性好，营养价值高，可放牧利用，也可刈割青饲或调制草品。耐阴性好、覆盖层厚密，是种植园的优良绿肥覆盖作物和良好的水土保持植物。热研 17 号爪哇葛藤的化学成分如表 1-39 所示。

表 1-39　热研 17 号爪哇葛藤的化学成分　　　　　　（单位：%）

样品情况	干物质	占干物质					钙	磷
		粗蛋白	粗脂肪	粗纤维	无氮浸出物	粗灰分		
营养期茎叶	20.54	19.26	1.29	35.75	36.04	7.66	1.38	0.17

栽培要点：播种前需进行种子处理，先用 40℃温水浸泡 4 ~ 5 h，之后将膨胀的种子取出，未膨胀的种子继续重复处理，温水浸种处理 3 次后，剩余的未膨胀种子可再用 80℃的热水处理。穴播或条播，穴播株行距为 50 cm × 100 cm 或 100 cm × 100 cm，每穴播种 5 ~ 7 粒，覆土深度 2 ~ 3 cm；条播行距 100 ~ 150 cm。初期生长慢，应及时防除杂草危害。初建成草地 2 ~ 3 个月以后再放牧利用，宜轮牧，轮牧间隔期 6 ~ 8 周。刈割利用时，每年可刈割 3 ~ 4 次，刈割高度 30 ~ 50 cm。

适宜区域：热带、亚热带地区。

热研 17 号爪哇葛藤植株

热研 17 号爪哇葛藤茎叶

热研 17 号爪哇葛藤花

热研 17 号爪哇葛藤种子

17. 热研16号卵叶山蚂蝗 *Desmodium ovalifolium* Wall. cv. Reyan No. 16

形态特征：多年生灌木状草本。株高 1 ～ 1.5 m，基部木质化，茎粗 0.5 ～ 1.5 cm。三出复叶或下部小叶单叶互生，小叶近革质，绿色，顶端小叶阔椭圆形，长 2.5 ～ 4.5 cm，宽 2.2 ～ 2.8 cm，侧生小叶阔椭圆形，长 1.6 ～ 2.5 cm，宽 1 ～ 1.5 cm。总状花序顶生，花冠蝶形，长 6 ～ 8 mm，蓝紫色；荚果长 1.5 ～ 1.9 cm，具 4 ～ 5 个节荚。种子扁肾形，微凹，淡黄色，长 2 mm，宽 1.5 mm。

生物学特性：热研16号卵叶山蚂蝗喜潮湿的热带、亚热带气候，对土壤适应性广，耐酸性瘦土，在高铝和低磷土壤上生长良好。具较强的耐阴性、耐涝性和抗水淹能力。茎节通常着地生根，侵占能力强，对草地和种植园杂草抑制能力强。

饲用价值：热研16号卵叶山蚂蝗叶量大，是热带地区优良的豆科牧草品种，可放牧利用，亦可刈割青饲或调制干草。此外，其也是一种优良的绿肥覆盖作物和水土保持植物。热研16号卵叶山蚂蝗的化学成分如表1-40所示。

表 1-40　热研 16 号卵叶山蚂蝗的化学成分　　　　　（单位：%）

样品情况	干物质	占干物质					钙	磷
		粗蛋白	粗脂肪	粗纤维	无氮浸出物	粗灰分		
营养期茎叶	22.41	13.43	2.48	36.62	41.45	6.02	0.83	0.11

栽培要点：播种前采用 80℃热水浸种 3 分钟，以提高发芽率。穴播、撒播或条播均可，播种深度不宜超过 1 cm，播种后轻耙。播种量为 0.5 ～ 1.5 kg/hm²。初期生长缓慢，需及时除草。人工草地建植 2 个月后即可放牧，适于轮牧，轮牧间隔期 6 ～ 8 周。刈割利用时，每年可刈割 3 ～ 4 次。

热研 16 号卵叶山蚂蝗植株

热研 16 号卵叶山蚂蝗茎叶

热研 16 号卵叶山蚂蝗花序

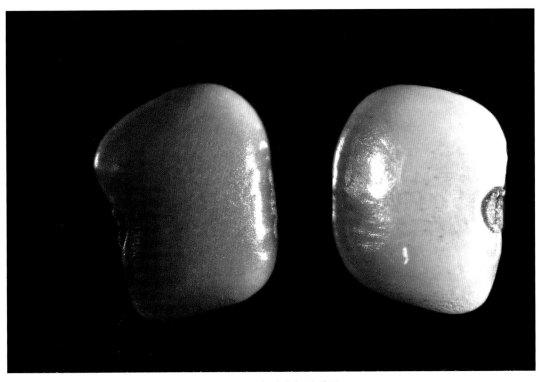

热研 16 号卵叶山蚂蝗种子

草地改良与建植技术

一、天然草地改良与利用技术

1. 免耕改良技术

（1）免耕直播技术

在不翻耕的情况下，经过物理、化学等方法清除地面杂类植物后再行播种。一般在杂类植物全部出土时用除草剂（草甘膦纯 $1.875 \sim 3.75 \ kg/hm^2$）进行喷杀，喷药后 20 d 发现有漏喷或不枯死的再进行补喷。若草丛较高，可先砍除较高的茎秆再喷药。翌年4—5月，杂类草已枯死，后将之烧掉（如不便火烧，可刈割），待雨季来临时再行撒播。可单播或混播，一般选择俯仰臂形草、网脉臂形草、坚尼草、宽叶雀稗、毛花雀稗、圭亚那柱花草、有钩柱花草、西卡柱花草、爪哇葛藤等。结合播种，施过磷酸钙 $225 \ kg/hm^2$。播种3周后，调查出苗情况，漏播和出苗少的地方应及时补播。苗期施尿素 $45 \ kg/hm^2$，促进幼苗生长。建植第二年后即可利用。

免耕直播主要应用于土层较薄或坡度较大，不宜进行土壤翻耕作业的区域。免耕直播不受地形限制，使用范围广，可用于大面积天然草地的改良；建植成本低；不破坏地表，可有效防止水土流失，利于保护生态环境。

（2）半翻耕技术

半翻耕技术既可以用于"原生"天然草地的改良，也可以用于退化人工草地的改良。用于"原生"天然草地的改良时，基本作业与免耕直播技术相同。不同之处在于播种前对地面进行人工浅翻耕（地势平缓的可采用小型圆盘耙），使地表划破，之后再行播种。用于退化人工草地改良时，先将原草地刈割后，再进行浅翻耕，之后再补播。草种可选择俯仰臂形草、网脉臂形草、坚尼草、宽叶雀稗、毛花雀稗、圭亚那柱花草、有钩柱花草、西卡柱花草、爪哇葛藤等。

半翻耕技术使用范围广，可用于大面积天然草地的改良；建植成本低；对地表破坏小，可有效地避免水土流失，利于生态环境的保护。用于退化人工草地改良，可有效地保留并促进草地原有牧草的发生。

2. 翻耕改良技术

翻耕改良技术是对地面充分翻犁，清除原有植被，建植新草地植被的方法，通常翻耕二犁，耕深 $15 \sim 20 \ cm$，耙后即可。若原有植被以茅草类为主，且茅草高大（80 cm 以上）、较密，则先烧去地面植物后，机耕，耕深 20 cm，耙后播种。若原有植被以矮灌木为主，先挖除灌木，再机耕，耕深 20 cm，耙后播种。也可用推土机将灌木在近地面处铲断，清除后再机耕，耕深 15 ~ 20 cm，耙后播种。若原有植被以芒箕为主，则在冬季干燥季节，将植株烧干净，然后机耕，耕深 15 ~ 20 cm，待翌年雨季来临时再简单耙地后播种。结合翻耕，根据土壤养分情况施入有机肥或适当的复合肥做基肥。热带、亚热带地区土壤有效磷普遍偏低，可施过磷酸钙 225 kg/hm^2。草种可选择俯仰臂形草、网脉臂形草、坚尼草、黑籽雀稗、宽叶雀稗、毛花雀稗、圭亚那柱花草、有钩柱花草、西卡柱花草、平托落花生、爪哇葛藤等。可单播或混播，但最好是单播或禾本科牧草加单一豆科牧草混播。播种时间以雨季初期为好。翻耕改良适宜坡度 <15°，土层较厚的平缓地带，建植速度快，草产量及营养价值高，当年建植草地可适度轻牧，翌年正常放牧，但一次利用率不宜超过 40%。

3. 混播改良技术

在雨季初期（中国华南地区一般 5—6 月），选择生态位不同、科属不同的草种，2 种牧草混播时，每种牧草的播种量，各按其单播量的 80% 计算；3 种牧草混播时，则 2 种同科牧草各用其单播量的 35% ~ 40%，另一种不同科的牧草的播种量仍为其单播量的 70% ~ 80%；如 4 种牧草混播，则 2 种豆科和 2 种禾本科各用其单播量的 35% ~ 40%。播种方式可同行条播、间行条播或撒播。同行条播是各种牧草同时播于同一行内，行距通常为 7.5 ~ 15 cm；间行条播是前者行距为 15 cm，后者行距为 30 cm。当播种 3 种以上牧草时，1 种牧草播于一行，另 2 种播于相邻的一行，或者分种间行条播；撒播是人工或用撒播机分散而均匀地把种子播于田中。

混播使多种草种在空间和时间上进行优化组合，草种多样化，营养均衡，生产性能高，家畜畜肉产出高，但混播草地管理程序复杂，管护成本相对较高。

二、放牧草地管理利用技术

1. 放牧利用技术

放牧利用技术分为持续放牧（定牧）和间歇放牧（轮牧、块状放牧）。其中，持续放牧通过优化改进为可变连续放牧和控制策略放牧。根据热带、亚热带的气候特点，适宜可变连续放牧法。

（1）定牧技术

定牧是将牲畜长期固定在一处放牧采食。定牧虽然减少了转移牲畜所用劳力，但牲畜长期在草地上自由采食，牧草产量随着季节变动较大，难以掌握正确的载畜量，豆科牧草易被采食过度，植株矮小，容易引起过牧而危及草地牧草的合理组分。此外，长期固定一处放牧，牧草再生产机会少，有效固氮能力受阻，降低氮输入量和应用肥料的效率。

（2）轮牧技术

轮牧是将草场分区放牧，根据季节和气候，用可移动的围栏线来控制牲畜每天的日粮，即控制采食面积（载畜量）。轮牧可更好地利用牧草。由于单位草地有较多的牲畜放牧，因而牲畜选择性采食牧草的机会较少，可有效地控制杂草，并利于维持草地牧草组分比例。轮牧需要较多的劳力、围栏和水槽，大群牲畜集中在有限的牧地上频繁地来回走动，踩踏易导致土壤板结。

（3）可变连续放牧技术

可变连续放牧可根据一年中各个季节的牧草生长情况，对围栏小区中的牲畜头数进行调整，随时都可增减放牧牲畜的头数，以使牲畜的采食量与牧草的生长量相平衡，秋季牧草开花结种时还要休牧。可变连续放牧既不会损害豆科收草，又使牲畜有足够的饲草采食，对控制禾本科收草促进豆科收草的生长很有利。与其他放牧技术相比，可变连续放牧技术更适宜热带豆科—禾本科草地。

（4）控制策略放牧技术

控制策略放牧是对连续放牧的一种辅助手段，即可变连续放牧制度必须具备一些不因暂时过牧而受危害的草地作为缓冲放牧地，以起到互相补偿作用。这些缓冲放牧地包括未改良的天然草地和耐践踏的匍匐型草地。缓冲放牧地的主要作用在于当豆科—禾本科混播人工草地需要降低载畜量时承受牲畜以备育肥，以及在饲草缺乏时补充饲草，这样载畜量可以在很大范围内变动而不影响草地。缓冲放牧地所占的比例因草地的经营方针不同而异，一般多用作犊牛繁殖场。

2.改良草地施肥管理技术

磷肥对豆科牧草的生长起着至关重要的作用，由于磷肥施入不足，以及硫或钼缺乏等影响，草地豆科牧草衰败严重，从而造成草地牧草组分发生逆向演替，草地质量下降。在豆科—禾本科混播草地中，氮肥的不合理使用也会造成禾本科牧草快速生长，从而抑制豆科牧草的生长。在土壤含磷量低于 15 mg/kg 时，应施磷肥，达到 15 mg/kg 后，每年仍应继续施以维持肥料，待达到 25 mg/kg 后停止施用磷肥。通常表施 15% ～ 30% 的过磷酸钙。第一年施 30% 过磷酸钙（375 kg/hm^2），第二年则施 30% 的过磷酸钙（120 kg/hm^2），第三年又提高施肥量，采用马鞍形施肥方式。

三、人工草地建植与管理技术

1. 土壤改良技术

热带、亚热带土壤普遍存在酸度过高、低磷、铝毒等问题，在一定程度上影响了牧草的生长发育。热带牧草虽普遍能够适应这种不利的情况，但一定程度的土壤改良可极大地提高草地产量与质量。因此，在生产实践中常常通过施用石灰（施用量通常为120 kg/hm²）或者钙镁磷肥等碱性肥料的措施来调节提高土壤 pH 值，以使牧草更好的生长发育。施用石灰的优点是见效快，但存在复酸化问题，效果不持久。因此，在有条件的情况下，可考虑施用绿肥、农家肥及成品有机肥等。对于酸性沙质土壤，也可通过施用绿肥、农家肥及成品有机肥调节土壤酸碱度，同时也可很好地提高土壤有机质，达到培肥地力的效果。有机肥的施用量通常为 15 000 kg/hm²。

2. 播种技术

（1）种子处理

浸种：豆科牧草播种前一般可用纱布包裹种浸入 80℃热水 3 ～ 5min，骤冷，阴干后进行播种。禾本科牧草播种前进行种子浸泡 2 ～ 4h 后，进行播种。

种子消毒：部分种子播种前需要进行消毒处理，如柱花草种子要进行消毒处理，采用 0.3% 多菌灵、福美双或苯来特等进行浸泡，能有效去除炭疽病病源孢子。

接种根瘤菌：豆科牧草种子一般需要接种根瘤菌，以增加土壤肥力，提高草地产草量和蛋白质含量。具体可将根瘤菌及黏合剂混合后拌种，或用曾种植过该豆科牧草的土壤进行拌种，如柱花草种子，每 500g 菌剂可拌种 5kg。

（2）播种方法

撒播，条播或穴播，因地制宜。

（3）播种方式

人工播种、拖拉机播种和飞机播种。

3. 病虫害防除

（1）牧草病害物理防治措施

牧草病害物理防治技术主要是针对放牧草地或刈割草地的牧草在没有发生病害之前就进行的防治措施，包括利用热力、冷冻、干燥等手段抑制、钝化或杀死病原物，以达到防治的目的。热带牧草常采用热水浸种处理，即用80℃热水处理牧草种子3～5min，可以杀死种子表面或种子内部潜伏的病原菌。但当周边环境有潜伏的病原菌寄主时，如遇到适宜的发病条件，牧草仍然会发生病害，需要再次采用化学防控措施进行防治。

（2）牧草病害化学防治措施

牧草病害化学防治技术主要是针对放牧草地或刈割草地的牧草发生病害初期进行的化学防治措施，可选择喷施百菌清、五氯硝基苯、萎锈灵、代森锌、次氯酸钠、咪鲜胺、腐霉剂、菌毒清、植病灵、代森锰锌、三唑酮等药剂防治。化学防治操作简单，效果较好，成本较低，方法简单，但易造成环境污染。

（3）虫害防治技术

草地牧草组分的不同及周围环境的差异，草地牧草虫害发生规律不同。应根据不同虫体、危害情况等进行针对性的防治。以柱花草为例，柱花草草地虫害发生率很低，但在种子乳熟期间，黏虫（*Mythimna separate* Walker）偶有为害。黏虫为害柱花草的花序，气候干旱时为害相对严重，往往造成花序败育而减产，甚至种子绝收。其防治方法取决于黏虫的虫口密度，当虫口密度为5～10只/m²时，需密切注意黏虫的发生动向，做好系统监测和大田普查，结合生境特点进行防治。当虫口密度为10～15只/m²时，须进行化学防治，在幼虫低龄阶段喷施菊酯类杀虫剂。

4. 水肥管理技术

人工草地建植，特别是刈割型草地，应以"视草为作物"的理念来进行建植，重视水肥技术的应用。建植时要使用一定量的有机肥与磷钾肥等基肥，有机肥的施用量一般要求

王草刈割草地

柱花草刈割草地

15 t/hm² 以上，磷肥（钙镁磷肥）、钾肥（氯化钾）的施用量为 225 kg/hm²。对于禾本科牧草还要施用一定量的氮肥，施用量通常为尿素 225 kg/hm²。苗期注意灌溉，以保证幼苗的成活率与快速生长。对于王草等一年可多次刈割的牧草，在刈割前 1 ~ 2 周可施用一定量的尿素以提高牧草的粗蛋白含量，在刈割后也施用一定量的肥料促进牧草的快速生长，施肥后及时进行灌溉。此外，也要重视钾肥的施用，钾不仅对于牧草的产量与品质有着重要的作用，而且对于牧草的抗性有着重要的作用，钾肥的施用可以作为基肥也可作为追肥施用。对于豆科牧草，还要重视微量元素钼等的施用。

第三章
牧草收获与调制技术

一、牧草适时收获技术

1. 牧草适时收获的原则

确定牧草的最适刈割期，必须考虑产量和可消化物质营养物质含量等指标。牧草适时收获的原则主要有以下几个方面。

① 以当年单位面积土地上可收获最高的草产量和可消化营养物质为基本原则。

② 需要考虑饲草本身的生物学特性。有些饲草不具备再生特性，即一个生育期只能刈割一次，如饲用玉米。为了获得更高的饲草产量和营养物质，只能在其结实后的蜡熟期收获。虽然植株营养体内的营养物质较营养生长期下降，但是由于籽实产量较高，收获的饲草整体营养价值并不会受到影响。有些饲草虽然具有一定的再生性，可以多次刈割，但是刈割次数过高会导致再生能力下降。

③ 根据不同的利用目的制定刈割期。实际生产中，青刈利用时，只要不妨碍植物的正常生长，可以根据青刈饲草的需求量，确定实际的刈割期。

2. 王草收获技术

一般来讲，禾本科牧草在抽穗至开花期营养价值较高且生物产量较高，是适宜的收获时期，但是热带地区雨水多、光照足，牧草生长速度较快，每年可以刈割再生长多次且在人工栽培刈割条件下，生长发育时期并不完整，因此难以通过牧草生长发育时期来判断收获时期。实际生产中，通过牧草生长高度结合饲喂的动物来确定收获时期更为方便。王草是热带、亚热带地区广泛种植利用的禾本科牧草，在雨水充足季节 25 d 左右即可长至 2 m 以上，营养价值随着生长高度增加而迅速降低，180 cm 后营养价值较低。对不同的动物刈割高度不同，但都需要切断后使用，一般以 2 cm 左右为宜。作为鱼饲料刈割高度应小于 50 cm；作为家禽饲料刈割高度 50 ～ 80 cm；作为猪饲料刈割高度 80 ～ 100 cm；作为羊饲料刈割高度 150 ～ 180 cm；作为牛饲料刈割高度可大于 180 cm，但不宜超过 200 cm。王草主要作为牛、羊粗饲料，综合考虑营养价值和刈割茬次、生物产量，王草在高度为 180 cm 时刈割利用最佳。

3. 柱花草收获技术

豆科牧草适宜收获时期是现蕾至始花期，因为这一时期营养价值高、产量高且不影响牧草再生。但是热带地区雨水多、光照足，牧草生长速度较快，每年可以刈割再生长多次且在人工栽培刈割条件下，生长发育时期并不完整，因此难以通过牧草生长发育时期来判断收获时期。实际生产中，通过牧草生长高度结合饲喂的动物来确定收获时期更为方便。柱花草是热带地区最重要的豆科牧草，管理得当每年可刈割 3 ～ 4 次，也可根据不同的动物和生长高度确定收获时期。家禽可在 50 cm 时刈割植株上部约 10 cm 幼嫩部分；兔可在 60 cm 左右时刈割；猪也可在 60 cm 时刈割饲喂，但需辅以其他青饲料或煮熟后饲喂；牛羊适宜在 90 cm 时刈割，须以 60% 以上禾本科牧草搭配饲喂，以免引起瘤胃胀气。柱花草留茬高度不应低于 25 cm。

二、牧草青贮调制技术

1. 青贮饲料的适时收获

根据青贮品质、营养价值、采食量和产量等综合因素的影响，禾本科饲草的最适宜刈割期为抽穗期，而豆科牧草开花初期最好。

2. 王草青贮技术

王草株高为 150～180 cm 时可刈割青贮，5—10 月可每隔 25 d 左右刈割 1 次，1 年可刈割 8～10 次，生物产量非常高。王草水分含量高，新鲜王草水分在 80% 以上，植株低于 150 cm 时甚至高达 90%，水分过高容易腐烂变质，且不利于动物采食，要调制出优质青贮饲料，必须降低含水量。将王草刈割后切碎，其中茎秆长度以 2 cm 左右为宜，青贮前在烈日下晾晒 2～4 h 或室内摊开 24 h，使其水分含量下降到 60%～70% 后再进行青贮。王草晾晒后可以单独青贮，为了提高饲料青贮品质、饲料营养价值和贮藏时间，也可以加入青贮添加剂。常见的添加剂使用量（指占王草重量的百分比）：山梨酸 0.15%、葡萄糖 2%、蔗糖 2%、纤维素酶 0.02%，以及糖蜜 2% 和纤维素酶 0.02% 混合处理；也可以与菠萝皮、番木瓜皮等糖含量高的副产物混合青贮，二者添加比例以不超过 30% 为宜。将王草与添加剂或副产物充分搅拌均匀后装填至清理干净的青贮设施，可以是青贮窖、青贮塔、塑料袋、塑料桶等，底层可铺干草或秸秆吸收渗出液，逐层装入压实，特别是角落要充分排出空气，尽量缩短装填时间。装填完成后应立即密封和覆盖。地面的青贮装置应注意排水，谨防雨水进入窖内，造成霉烂变质。

3. 柱花草青贮技术

柱花草最适收割期为现蕾至始花期或植株高度为 90 cm，此时收获可获得产量和营养价值的最大值。柱花草刈割后切断至 2 cm 后青贮。由于缓冲能较大不适合直接青贮，通常需要添加剂处理，以柱花草质量的百分比表示，添加 2% 的蔗糖或 3% 的葡萄糖；以及与菠萝皮、番木瓜皮等副产物混合青贮，比例以 1∶1 为宜；也可以与王草混合青贮，柱花草占 30%～40% 为宜。青贮原料充分搅拌均匀后装填至清理干净的青贮设施，可以是青贮窖、青贮塔、塑料袋、塑料桶等，底层可铺干草或秸秆吸收渗出液，逐层装入压实，特别是角落要充分排出空气，尽量缩短装填时间。装填完成后应立即密封和覆盖。地面的青贮装置应注意排水，谨防雨水进入窖内，造成霉烂变质。通过青贮不仅可以保存柱花草的营养价值，而且也改善其适口性、提高消化率。青贮处理后所占空间较小，而且可以长期保存，一年四季可均衡供应，特别是冬季缺乏优质草料时，可以保证动物粗饲料的供应。

4. 青贮设施与设备

青贮过程中用于保存青贮饲料的容器称为青贮容器。青贮容器的种类繁多，主要有青贮窖、青贮壕、裹包青贮膜等。

（1）青贮窖

青贮窖是广大农村应用最普遍的青贮容器。按照窖的形状，可分为圆形窖和长方形窖2种。圆形窖的直径 2～4 m，深 3～5 m，长方形窖宽 1.5～3 m，深 2.5～4 m，长度根据需要而定。青贮窖用砖、石、水泥建造，窖壁用水泥挂面，壁光滑，以青贮饲料水分被窖壁吸收和利于紧压。窖底只用砖铺地面，不抹水泥，以便使多余水分渗漏。若使用土窖青贮时，四周要铺垫塑料薄膜，第二年再使用时，要清除上年残留的饲料及泥土，铲去窖壁旧土层，以防杂菌污染。

青贮窖

（2）青贮壕

青贮壕是指大型的壕沟式青贮设备，适于大规模饲养场使用。青贮壕最好选择在地方宽敞、地势高燥或有斜坡的地方，开口在低处，以便夏季排出雨水。青贮壕一般宽4～6 m，便于链轨拖拉机压实，深5～7 m，地上至少2～3 m，长20～40 m，必须用砖、石、水泥建立永久窖。青贮壕是三面砌墙，地势低的一端敞开，以便车辆运取青贮饲料。青贮壕造价低，易于建造，但由于密封面积大，贮存损失率高，在恶劣的天气取用不方便。

青贮壕

（3）裹包青贮膜

裹包青贮包括小型拉伸膜裹包青贮和大型缠绕式裹包青贮。小型拉伸膜裹包青贮是指将收获的新鲜牧草等青绿植物，用打包机高度压实打捆，然后将每个圆捆或方捆用专用的青贮塑料拉伸膜裹包起来，建立一个最佳的发酵环境，草捆处于密封状态，在厌氧条件下，经3～6周，完成乳酸型自然发酵的生物化学过程；大型缠绕式青贮是指将压制的草捆，采用特制的机械，紧紧排列在一起，外面缠以拉伸膜，制成大型呈条状的青贮饲料。裹包青贮便于运输、贮存，但在搬运和保管裹包青贮过程中容易把拉伸膜损坏，导致青贮料变质。

裹包青贮